초현실 디렉토리
페이지 명동

초현실부동산 지음

초현실부동산 Surreal Estate

초현실부동산은 오래된 건물과 그곳만의 기억을 발굴해
오늘날 우리를 위한 창조적 공간과 스토리로 만들어가는
부동산컨설팅 법인이다. 김준호(도시행정가), 박성진(공간기획자),
박혜리(도시건축가), 방정인(그래픽디자이너), 윤솔희(에디터),
이진오(건축가)가 함께 설립했으며, 막일꾼으로서 박성진이
대표를 맡고 있다. 초현실부동산은 공간에 대한 기록과 리서치,
스토리 발굴 작업을 수행하며, 새로운 사용자와 함께 공간기획,
리모델링 설계, 콘텐츠 제작을 통합적으로 진행한다.
『초현실 디렉토리』는 건물이 갖고 있던 기억을 헤집어 살피고,
현재의 변화와 의미를 기록해 가는 책이다.

초현실 디렉토리　　페이지 명동

초현실부동산 지음

Surreal Directory　　PAGE Myeongdong

By Surreal Estate

site&page

초현실 디렉토리 — 페이지 명동
Surreal Directory — Page Myeongdong

초판 인쇄. 2021년 11월 11일
초판 발행. 2021년 11월 17일
지은이. 초현실부동산
객원필자. 김효진, 방은영, 양동수, 전명희, 정다은, 정한별, 최신현
기획·편집. 박성진, 윤솔희
디자인. 방정인
사진. 노경(별도 표기 외)

발행처. 사이트앤페이지
발행인. 박성진
출판등록. 2018년 3월 28일 제 2019-000007호
주소. 경기도 양주시 장흥면 유원지로94번길 62
전자우편. siteandpage@naver.com
전화. 02-6396-4901
홈페이지. www.siteandpage.com

ISBN 979-11-976350-0-7 (93540)

이 책의 판권은 지은이와 사이트앤페이지에 있습니다.
이 책 내용의 전부 또는 일부를 재사용하려면 반드시 양측의 서면 동의를 받아야 합니다.
잘못된 책은 구입하신 서점에서 교환해드립니다.

Contents

A	Association	연합회	6
B	Building	건물	10
	Block	블록	20
C	Cha Kyung-soon	차경순	28
	Construction	시공	38
D	Drawing	도면	48
	Deoham	더함	62
E			
F	Fact Sheet	건축개요	68
G			
H	Heritage	미래유산	70
I			
J			
K	Kim Chungsook	김정숙	76
L	Louver	루버	84
	Landscape	조경	86
M	Myeongdong	명동	92
N	Newspaper	신문	100
O			
P	Page Myeongdong	페이지 명동	104
	Promenade	프롬나드	108
Q			
R	Remodeling	리모델링	114
	Rooftop	루프탑	124
S	Site & Page	사이트앤페이지	132
T	The SAAI	더사이	134
	Typography	타이포그래피	136
U			
V	View	전망	140
W	Woman	여성	148
X			
Y	YWCA	와이더블유씨에이	152
Z	Zoom In	줌인	156

Association An association is an official group of people who have the same job, aim, or interest.

연합회 둘 이상의 모임이나 단체가 서로 합동하여 만든 조직체. 또는 그런 모임.

여성들의 인간다운 삶을 위하여 활동하겠다는 의지로 1922년 3월 27일 조선여자기독교청년회가 설립됐다. 당시는 조선 여성들이 일본의 지배와 가부장적 질서라는 이중 억압을 견뎌내고 있던 시기다. 설립에 앞장섰던 활동가들은 아래와 같이 뜻을 세웠다.

"젊은 여성들로 하여금 하나님이 창조주이심을 믿게 하며 온 인류는 하나님 안에서 형제, 자매가 됨을 인정하게 하고 구세주이신 예수의 교훈을 자기생활에 실천하게 함으로써 평화와 정의와 사회를 건설함을 목적으로 한다."
— 1922년 3월 27일 '조선여자기독교청년회 발기문' 일부

1년간의 준비 끝에 이룬 결실이었다. 1921년 초 조선YWCA 창립을 꿈꿨던 김필례가 이화학당 당장인 아펜젤라의 소개로 김활란을 만나면서 뜻을 구체화한 것이 시작이었다. 1922년 3월 27일 신의경, 유각경 등 기독교계 지도층이 조선여자교육협회에 모였고, 이날 임원까지 선출하기에 이른다. 회장 유각경, 위원 김미리사, 김필례, 방신영, 김샬로메, 김경숙, 서기 이각경 등이 결정됐다.

한편 김활란과 김필례는 세계기독교 학생 청년회 총회에 참석해 조선YWCA 창설에 대한 협조를 요청했다. 그러나 총회는 일본YWCA 승인이 있어야 한다고 답했다. 이에 김필례는 일본YWCA 총무 가와이 미치코를 만나 협조를 구했고, 마침내 조선YWCA 창설을 공식 인가받기에 이른다. 1922년 4월 20일 서울 이화학당에서 2차 발기회를 개최했고, 이날 청년회 여자 하령회를 개최하자는 의견까지 모았다.

김필례는 그해 11월 5일부터 12월 14일까지 40일 동안 전국 곳곳을 돌아다니며 지역 여자청년회의 조선YWCA 가입을 독려하고자 순회강연을 했다. 진주, 마산, 대구, 청주, 선천, 평양, 진남포, 해주, 재령, 안악, 개성, 인천, 함흥, 원산, 목포, 광주 등지에 그의 발길이 닿았다. 그 결과 총 7개 도시와 16개 학교가 지부로 가입했다. 그렇게 조선YWCA는 여성운동과 농촌계몽운동 등을 통해 국민 인식을 새롭게 하는 데 앞장섰다.

광복 이후로 대한YWCA라고 이름을 바꾸고 여성들의 계몽과 지위향상을, 이웃과 사회와의 교류를 추구해왔다. 이들은 여성이 마음껏 활동할 수 있는 공간을 만들어보자는 뜻으로 1966년 한국YWCA연합회관 건립을 위한 여정을 출발했다. 목조가옥이던 기존 건물이 노후화되기도 했으며, 마침 창립 45주년이 되던 때이기도 했다. 탄탄한 기반이자 새로운 마당이 될 공간적 거점이 필요했다.

대한 YWCA 연합회
THE NATIONAL YWCA OF KOREA

서울특별시중구명동1가1의3
TEL. 22-2605

1-3 FIRST STREET, MYUNG DONG
SEOUL, KOREA

존경하옵는
대통령 각하

희망에 찬 새해를 맞이하여 삼가 하나님의 크신 은총이 함께 하시어 댁내 건승하심을 비옵니다.

조국 근대화를 위하여 주야로 고심하시는 대통령 각하의 뜻을 받들어 저희도 각오의 힘을 합치겠음을 다짐하는 바입니다.

1922년 일찍 탄압하에 조직되어 금년으로 창설 45주년을 맞이하는 본 한국여자기독교청년회(YWCA)는 많은 어려움과 일제, 한국속에서도 굴하지 않고 민족정신을 길러오고 꾸준히 커나가는 등 독자적인 건물이 많은 고초를 겪었으나 조국 광복과 동시에 세계 연합과 70개국 YWCA와 어깨를 겨누어 YWCA 본연의 사업을 할 수 있게 된 것은 조국 대한 민국의 굳건한 발전취에서 있기 때문입니다.

급격한 사회변천과 함께 YWCA의 업무는 다방면의 프로그람으로서 속하는 시민교육, 가정의 근대화, 속하는 청소년 지도, 여성의 지위향상과 복지증진, 국제친선을 통한 민간외교 국제적인 장식 등 여성들의 힘을 총 동원시키는 일에 힘을하여 있다고 합니다.

9개 지방 YWCA와 10개 전일 YWCA, 24개 대학 YWCA, 70여개 여자 고등학교와 3단계씩의 직원들을 가지고 세계 YWCA와 70여개국 YWCA와의 긴밀한 유대와 국내활동을 감당하고 있는 본부도서의 대한 YWCA 연합회 회관은 해방직후 뜻있는 분의 성의로 대지가 장만되고 이상 부족가족을 불담없이 20여년간 활동하여 왔습니다.

이제 회원들의 요구에 충족하기에는 너무나 노후되고 협소할뿐더러 도시계획에 의한 빈곤 대지의 일지도 임대에 부속이 서도운 건물이 필요하게 되자 때마침 한국 YWCA 45주년을 계기로 하여 아담한 건물을 건축할 것을 결의하기에 이르렀습니다.

또 한편 청소년들의 모다 건전한 캠프 지도자 집합의 요청되는 중 동지 않은은 우리의 오랜된 대지에다 임야 39,810평을 희사하여 주시어 이 지역에 캠프장 건물을 함께 건축하기 되어 1966년 6월 10일에 기공기성회를 함후하였습니다. 이는 한 사업도 용이한 것은 아닐것을 모르는 아니오나 힘으로 계획하는 것도 지원사회에 책임을 가져온다고 모아 두가지를 함께 계획하기 되었습니다.

YWCA 회관은 이 나라에서 우리가 하는 일의 중요성과 팀임을 표현하는 것이 됩니다. 그러므로 먼저 회원은 누구나 빠짐없이 혈동합장으로 부터 시작하여 이는 한 모금이라도 손수 더 담당을 하자고 굳은 결의를 하였습니다.

본 건물(임동)을 위고 이 자리에 지하 1층 지상 4층 연 1,200평의 건물과 토닉도 캠프 선탑에 소요되는 금액은 1억 2천만원으로 건축비에 합당 국내외에 있는 YWCA 회원이 적극 담당할 것을 결의하고 나머지는 협조를 기대하지 않을 수 없습니다.

이 거창한 사업을 이해하시고 대통령 부인 육여사께서는 이미 대학실 자업의 중요성에 비추어 대학실 건축 외탁 금 일등을 내리었다 뿐아나라 여성들의 힘찬으로의 일을 심히하게 여겨온 실정이모 기독교 운제와 부녀 복지 사업에 깊은 관심을 가지신 대통령 각하께거서 뜻을 몰래어 저의 사업을 격려하시는 뜻에서 활조하여 주시겠음을 간청하는 바입니다.

이에까지 한국 YWCA의 창설 45주년 기념사업으로 여성의 활동의 사업의 결실인 회관 건축가 이 나라 일근손녀들의 후되가 소심의 겸장과 캠프장 설립을 실현하여 주시겠음을 믿고 간절히 바라는 바입니다.

1967. 3. 6.

대한 YWCA 건축기성회
회장 김활란
대한 YWCA 연합회
회장 김신실

"본 회관 건립은 오랫동안의 우리들의 염원이었으며 이것은 여성의 전당으로서 앞으로 계속 전국에 흩어진 각계각층의 부녀자들 복지뿐만 아니라 복지사회 건설에 크게 공헌할 수 있다고 믿어 보다 큰 의의를 느끼는 것입니다."
— 1968년 9월 10일 대한YWCA연합회 회장 김신실 '인사의 말씀' 일부

『한국 YWCA 회관 봉헌식 및 개관』에 따르면 대한YWCA연합회는 1966년 6월 10일 제1회 건축기성회를 소집했고, 건축가 차경순에게 설계를 의뢰했다. 차경순은 1967년 4월 7일 설계를 완료했고, 대한YWCA연합회는 6월 5일 삼양공무사를 시공자로 정해 계약을 체결했다. 대한YWCA연합회는 건축 기금을 모금하고자 후원을 요청하는 홍보물을 만들어 국내외 단체에 배포하거나 박정희 대통령과 육영수 여사 등에게 대외서신을 보내 회관 건립의 취지와 뜻을 전달하며 후원을 도모하기도 했다.

[정리: 윤솔희 | 참고: YWCA아카이브 ywca-archive.or.kr]

1967년 6월 5일 대한YWCA연합회 회관 신축 기공
자료출처 YWCA아카이브

Building A building is a structure that has a roof and walls, for example a house or a factory.

건물 사람이 들어 살거나 일 하거나, 물건을 넣어 두기 위하여 지은 집을 통틀어 이르는 말.

한국YWCA연합회관

[개요]
설계. 차경순건축연구소
시공. 삼양공무사
규모. 대지면적 1,195㎡, 건축면적 822㎡, 연면적 4,755㎡
구조. 철근콘크리트조로 지하 1층, 지상 5층 건물로 장차 12층 증축 예정임

[주요마감]
외부. Exposed Conc. 위 Catex 칠 알미늄창호
내부. 질석 Block Partition에 Mortar 바르고 무늬코트 칠
각실 바닥은 Asphalt Tile. 천정은 Acoustic tex

[특징]
본 건물은 대한YWCA연합회 본부로서 대외·대내적 사회 봉사사업,
여성단체의 집약소라 할 수 있겠다.

(1) 지하층엔 200여 명을 수용할 수 있는 대식당과 주방, 매점, 보일러실, 전기실, 관리실과 대여 다방이 있고 (2) 1층엔 넓은 로비의 광장과 집회 장소와 Service Area를 둠으로서 대소인원의 유동을 원활히 처리하였으며 (3) 2층은 각 Part의 연합회 사무실로 사용하고 (4) 3층 이상은 대여 사무실로 사용하며 (5) 8층 이상은 아파트를 설치할 계획.

[출처: 「건축사」 1969년 3월호, 통권 12호]

대한 YWCA 연합회 회관 투시도

YWCA 연합회 회관 신축 규모

위　　치 : 서울특별시 중구 명동 1가 1의 3
　　　　　 (현 회관 소재지)
대　　지 : 340평
건　　물 : 현대식 5층건물(지하실 포함)—약 1,100평
공사비 예산액 : 101,200,000원

B

대한YWCA연합회 회관 모형(1967년)
자료출처 국가기록원

1968년 9월 10일 개관한 한국YWCA연합회관 전경
사진제공 경향신문

1968년 한국YWCA연합회관 준공식 모습
자료출처: 국가기록원

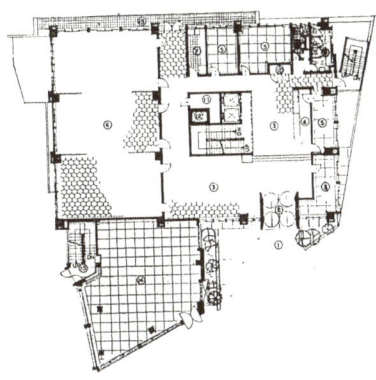

←1층 평면도(1st Floor Plan)
1. 입구
2. 현관
3. 로비
4. 안내소
5. 사무실
6. 회의실
7. 부엌
8. 남자용화장실
9. 여자용화장실
10. 공중전화
11. 창고
12. 굴뚝
13. 발코니
14. 대여사무실
15. 제단실

2층평면도(2nd Floor Plan)→
1. 홀
2. 복도
3. 회의실
4. 사무실
5. 식당
6. 기도실
7. 거실
8. 침실
9. 부엌
10. 고용인실
11. 목욕실
12. 남자화장실
13. 여자화장실
14. 찬광
15. 창고
16. 대여사무실
18. 화장실

자료출처 「건축사」 1969년 3월호, 통권 12호

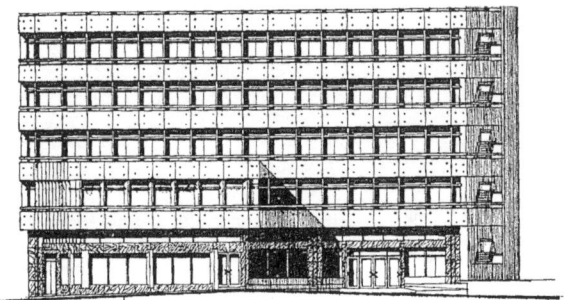

부시도→
(Perspective)

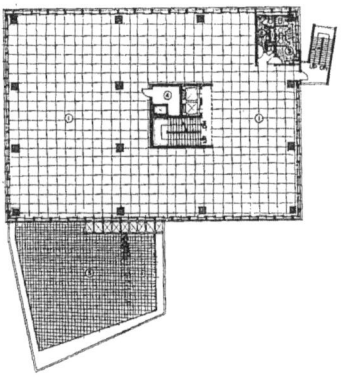

3.4층평면도→
(3.4th Floor Plan)
1. 대여실
2. 남자화장실
3. 여자화장실
4. 창고
5. 베란다

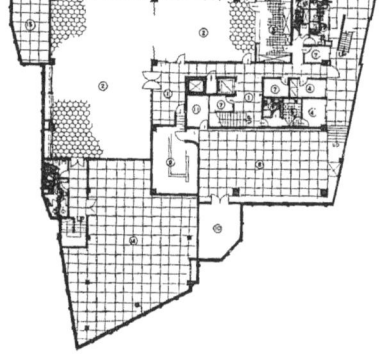

지하실 평면도→
(B.M Floor Plan)
1. 홀   2. 식당
3. 부엌   4. 침실
5. 부엌   6. 목욕조
7. 창고   8. 보일러실
9. 전기실   10. 연료실
11. 화부실   12. 남자화장실
13. 여자화장실 14. 대여실
15. 차고

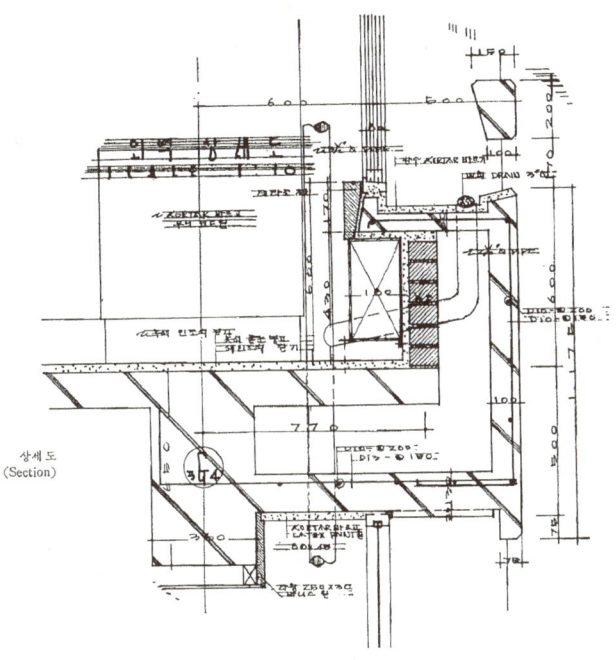

상세도
(Section)

설계 : 차경순건축연구소
시공 : 삼양공무사
규모 : 대지면적 : 1,195m²
　　　건축면적 : 822m².745
　　　연 면 적 : 4,755m².764
구조 : 철근크리트조로 지하 1층, 지상 5층건물로 장차 지상 12층
　　　증축 예정임.
설비 : 전기, 위생, 난방
주요마감
　　외부 : Exposed Conc. 위 Catex 철 알미늄창호
　　내부 : 질석 Block Partition에 Mortar 바르고 무늬코트칠
　　작실 바닥은 Asphalt Tile. 천정은 Acoustic tex
건물특징 : 본건물은 대한 YWCA 연합회 본부로서 대의 대내적 사회
　　　　봉사사업, 여성단체의 집약소라 할 수 있겠다.
　　1. 지하층엔 200여명을 수용할 수 있는 대식당과 주방,
　　　매점, 보일러실, 전기실, 관리실과 대여 다방이 있고
　　2. 1층엔 넓은 로비의 광장과 집회장소와 Service Area
　　　를 둠으로서 대소인원의 유동을 원활히 처리하였으며
　　3. 2층은 각 Part 의 연합회 사무실로 사용하고
　　4. 3층 이상은 대여 사무실로 사용하며
　　5. 8층 이상은 아파트를 설치할 계획.

Block   A block of a substance is a large rectangular piece of it.

블록   건축 재료의 하나. 시멘트로 네모지게 만들어 벽면 따위를 쌓아 올리는 데 쓴다.

한국YWCA연합회관 옥탑의 상부 입면은 T자형 프리캐스트 블록으로 만든 십자가(十) 문양으로 장식됐다. 영롱쌓기로 십자가 문양의 여백을 만든 방식이다. 이 입면은 명동성당에서 길가로 내려가는 길에서도 눈에 잘 띈다. 1960년대에 지어진 빌딩 중에는 이렇게 옥탑 입면을 눈에 띄도록 디자인한 경우가 많다. 한국YWCA연합회관 건너편에 위치한 명동성당가톨릭회관, 근처의 오양빌딩, 유네스코회관의 옥상도 매우 섬세하게 디자인된 모습이다. 을지로 한일은행(현재 우리은행) 옥탑 역시 프리캐스트 블록으로 만든 패턴으로 장식됐으나 입면 전체를 리모델링한 이후로는 그 자취를 발견하기 어렵다. 이번 한국YWCA연합회관 리모델링은 이러한 건물의 특징을 잘 남긴 사례로 매우 고무적인 일이다.

[글: 정다은(서울도시건축센터 실무관) | 드로잉: 건축사사무소 더사이]

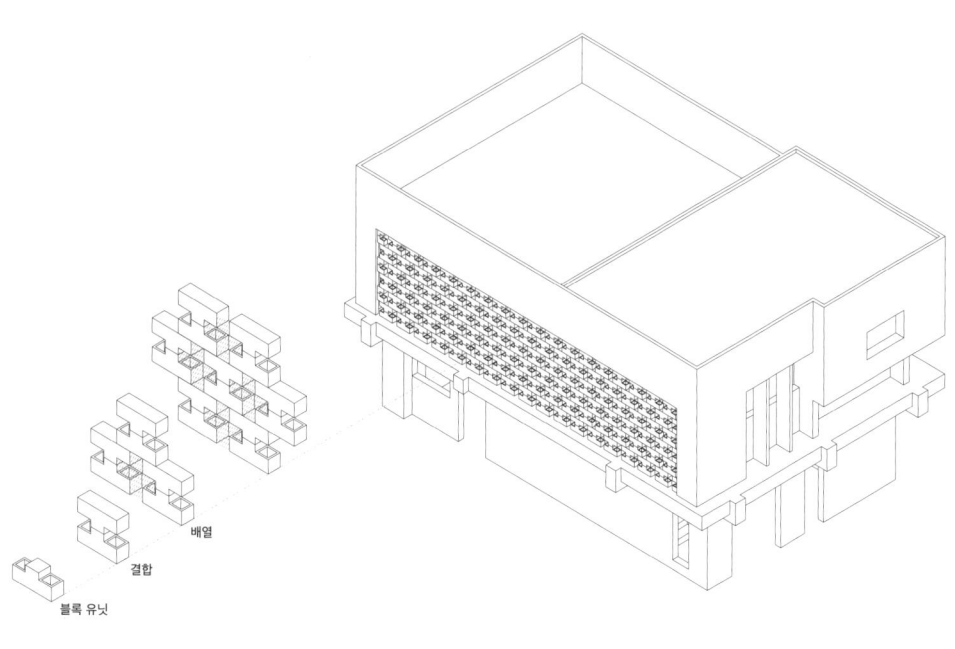

T자형 블록을 조합해 구성한 한국YWCA연합회관 옥탑부 투상도

옥탑 상부 벽면에만 「자형 블록을 사용해 상하부의 입체감이 대조적이다

8층의 내부에서 창을 통해 바라본 옥탑부 상부 벽면

T자형 콘크리트블록을 돌출 대칭으로 돌려 사용하면서 벽면의 조형성을 만들었다

T자형 블록이 엇물려쌓기로 이뤄진 상부 벽면의 입체감과 깊이감

멀리서 보더라도 옥탑은 이 건물의 상징처럼 눈에 띄도록 디자인되었었다

Cha Kyung-soon Born in Buan, Jeollabuk-do in 1916. After liberation, he worked as architect who designed the Daehan Theater, the Chosun Arcade on the Peninsula, and the Yoido Full Gospel Church.

차경순 1916년 전라북도 부안 출생. 해방 이후 대한극장, 반도조선아케이드, 여의도순복음교회 등을 설계한 건축가.

본 글은 대한건축사협회에서 발행하는 월간 「건축사」 1974년 8월호를 기준으로 『한국현대건축총람2 한국의 현대건축·건축가』(사단법인 한국건축가협회 저)를 참고해 작성했다. 먼저 해방을 기점으로 차경순 건축가의 소속에 변화가 있다. 해방 이후에 '차경순' 이름을 내걸고 설계사무실을 운영했으며 명칭도 조금 바뀌었다. 해방 이후에는 토목업을 겸했고, 1970년에 들어서는 동료들과 연합조직을 구성하기도 했다.

「건축사」 1974년 8월호는 차경순의 작품 목록 159건 중 1,000평 이상의 규모만 모아 기술했다. 1,000평 미만의 각종 공공기관, 병원, 학교, 극장, 호텔, 교회, 주택, 그리고 1,000평 이상 빌딩들도 여럿 생략되었다. 이 목록에는 다른 건축가와 협업한 작품도 포함되어 있다. 대한극장, 이화여자대학교 대강당, 여의도 시범아파트 등이다.

차경순은 중앙대학교 건물을 다수 설계했다. 약학대학 건물로 사용하는 파이퍼홀(1956년 준공)과 중앙도서관(1959년 준공) 외에도 1970년 이전에 지어진 중앙대학교 건물 대부분을 차경순이 설계했다는 사실을 확인할 수 있다. 이때 지어진 중앙대 교사들은 주로 2010년대 들어 대거 리모델링되었다. 대부분 기존 골격을 유지하며 증축하거나 입면 재료를 바꾸는 식이었다.

차경순은 중앙대학교 외에도 교회, 기독교 관련 시설, 전북지역 공공청사, 학교, 공장 등을 많이 설계했다. 주로 노출콘크리트 특성을 살려 벽돌과 조화를 이룬 접근이 많다. 잘 알려진 교회로는 여의도순복음교회(1969년 준공)와 수색감리교회(1972년 준공)가 있다. 여의도순복음교회와 관련된 건축가로는 안영배도 있다. 규모가 커 설계를 협업한 것으로 알려졌지만 이는 사실과 다르다. 월간 「건축사」 1973년 10월호에 실린 안영배 인터뷰를 보면 설계경기를 통해 차경순의 안이 당선되었으나 당선 이후에 교회 측과 의견 조정이 되지 않아, 허균이 1차 기본설계를 진행한 것으로 보인다. 지하층 구조가 완성될 무렵, 지상층 구조 설계에 문제가 생겨서 그 이후에는 안영배가 설계 변경을 맡아 진행했다고 한다. 기본 바탕이 되는 교회의 원형 평면이 차경순의 안인지 허균의 안인지는 확인할 수 없다. 수색감리교회는 뱃머리를 연상시키는 첨탑과 배를 연상시키는 타원형에 가까운 평면, 둥근모서리의 창문 등이 특징인데 콘크리트 물성을 활용해 조형성을 잘 살린 작품이라고 평가받는다.

명동의 한국YWCA연합회관과 연지동의 한국기독교회관은 모두 입면이 구조 기둥으로부터 분리되어 있고, 코어가 건물 중심에 있어 자유로운 입면 구성과 사무실 용도에 따라 유연하게 평면을 사용할 수 있다. 덕분에 한국YWCA연합회관의 큰 특징은 노출콘크리트의 특성을 활용한 것과 당시 업무시설의 특징 중의 하나였던

건축가 차경순이 설계도 1972년 신축된 수색감리교회. 일대가 재개발되면서 철거되었다
사진제공 수색감리교회

c

재개발로 철거되도기 전의 수색감리교회 외관
사진제공 수색감리교회

수색감리교회 내부 예배당의 옛 모습
사진제공 수색감리교회

차경순이 설계하여 1958년 준공된 중앙대학교 중앙도서관. 2009년 건축가 김인철의 설계로 지금의 모습으로 리모델링 되었다
자료출처 서울시 미래유산

옥탑 디자인이다. 특히 노출콘크리트의 조형성이 돋보이도록 콘크리트 창틀을 만들고, 거푸집의 질감을 잘 살렸다. 코너 부분에 기둥 대신 유리 코너 창을 만들고, 창틀 자체가 무거운 느낌을 내지 않도록 두께를 분절했으며 외부계단실 계단참의 난간 역시 손잡이 부분과 하단 벽 사이에 틈을 만들어 무게감을 덜어냈다. 1960년대에는 노출콘크리트 특성을 살려 창틀을 조형적으로 만든 건물이 매우 많은 편이다. 근처에 있는 김수근이 설계한 오양빌딩(1962년 준공)도 그중 하나다. 차경순의 작품이 많이 있는 중앙대의 경우, 리모델링을 하며 원래 건축물의 골격은 유지하였으나 외장 재료의 특징이 지워져 아쉽다.

우연히 「건축사」에서 차경순의 부고 기사와 함께 그의 작품 목록을 대거 발견했다. 이 목록을 보며 널리 알려지지는 않았지만 차경순의 손길이 닿은 작품이 여전히 우리 곁에 남아있으리라는 희망이 생겼다. 멋진 옥탑을 갖고 있으면서 벽돌과 조화롭고 디테일이 섬세하게 다듬어진 노출콘크리트 건물을 발견하면 혹시 차경순의 작품이 아닐지 의심할 것 같다.

차경순과 연배가 비슷한 1910년대생 건축가로는 이천승, 김희천, 정인국, 배기형, 박학재, 엄덕문, 김정수 등이 있다. 이때 건축계는 경성고등공업학교을 졸업한 사람들이 주류를 이루었다. 차경순은 명문학교를 나온 주류에 속하지는 않았지만, 실무뿐만 아니라 건축이론 연구를 열심히 하던 건축가로 건축계획 및 의장, 구조계획에 있어서 탁월한 활동을 보여주었다는 평이 있다.

차경순은 대한건축사협회 창립멤버로 협회 초기에 이사로 활동했으며 1950년대 후반부터 종로에서 사무실을 운영했다. 당시 종로2가는 국내 유명 건축가의 사무실이 밀집해있던 지역이다. 1957년부터 사무실로 썼던 한청빌딩(1935년 준공)은 박길룡의 작품이기도 하다.

[글: 정다은(서울도시건축센터 실무관)]

차경순 이력

1916. 5. 15.	전라북도 부안군 하서면 청호리 385번지 출생
1934. 3.	전주공립보통학교 건축학과 졸업
1936. 3.	경성 소화공과학교 건축과(해방 후 한양공고) 졸업
1936.	일본 동경공업대학 타나베히라마나부(田邊平學) 연구실
1937.	야마시타토시로(山下壽郎) 건축사무소
1940. 4.	경성 소화공과학교 건축과 조교관
1944. 3.	일본건설업 이쿠타구미(生田組) 건축부장
1945. 9. 1.	차경순건축연구소 개소(종로2가 100번지)
1946.	토목청부업 동흥공무사 창설(종로구 소격동)
1952.	차경순건축설계사무소 개업(중구 다동)
1953. 4.	중앙대학교 파이퍼홀 신축(당시 동양 최대 규모 약학대학)
1954. 1.	이화여자대학교 대강당 신축
1956. 5.	서울 대한극장 신축
1956. 9.	중앙대학교 중앙도서관 신축
1957.	차경순건축설계사무소 이전(종로2가 100, 한청빌딩)
1957. 7.	중앙대학교 대강당(공사 미착수)
1957. 12.	신영중고등학교
1958. 3.	농업은행 각처 지점(현상공모 당선작)
1959. 1.	방산빌딩 신축(서울시 중구 을지로)
1959. 11.	장로회 신학대학 신축(현상공모 당선작)
1959.	공로표창장, 중앙대학교 중앙도서관 신축공사 설계감독
1960.	공로표창장, 전북 공보관 신축공사 설계감독
1960. 5.	중앙대학교 법대교사 신축
1961. 1.	중앙대학교 학생관 신축
1961. 4.	대원제지 대전공장 신축
1962. 3.	중앙대학교 사범대학 부속중·고등학교 신축
1962. 7.	대한전력 사원훈련소 신축
1963. 4.	유엔군 자유수호참전기념비탑 설계 감리 1기 (현 양화대교 북단)
1964. 2.	국립과학관 증축(창경원)
1964. 7.	반도조선아케이드 신축(현상공모 당선작)
1964. 10.	중앙대학교 남자·여자기숙사 신축
1964. 11.	중앙대학교 이공대교사 신축
1965. 1.	중앙대학교 사범대학 부속국민학교 신축
1966. 11.	한국YWCA연합회관 신축(현상공모 당선작)
1967. 6.	중앙대학교 본관 신축
1967. 9.	장로회 신학대학 여자기숙사 신축(현상공모 당선작)
1967. 10.	기독교연합회관 신축(현상공모 당선작)
1967. 12.	중앙대학교 사범대학 교사 신축
1968. 4.	한독산업(주) 여공기숙사 신축
1969. 3.	대한성서공회 신축(종로서적이 있던 빌딩)
1969. 4.	반도아케이드 증축(1970. 1. 17. 반도조선 아케이드 화재로 전소)
1969. 8.	부산 범일 전신전화국청사 신축
1969. 11.	기독교대한하나님의 성회 순복음중앙교회 (현상공모 당선작)
1970. 6. 15.	서울건축사합동기술공사를 15인의 건축사와 합작 설립, 대표이사 역임
1970. 8.	여의도 시범아파트(서울건축사합동기술공사 대표이사시 합작)
1970. 11.	서울성동중앙지하상가 신축
1971. 2. 1.	차경순건축연구소 재개(종로구 평동 68-3)
1971. 9.	판문점 관광전망대 및 부속건물 신축 (임진각으로 추정)
1971. 10. 15.	차경순건축연구소 이전
1972. 4.	수색감리교회 신축
1972. 7.	중앙대학교 예술대학교사 (서라벌홀) 신축
1972. 11.	(주)한국북룡식품 마산공장 처리장 겸 냉장고 신축
1973. 2.	(주)한국 SOWA 마산공장 신축
1973. 4.	(주)한국삼미 마산공장 신축
1974. 2.	이리 수출자유지역관리소 청사 신축 (현 익산세관비즈니스센터) / 이리 표준공장 1, 2호동(현 수출자유지역 표준공장)
1974. 7.	하와이 방문 중 사망

Construction Construction is the building of things such as houses, factories, roads, and bridges.

시공   공사를 시행함.

2020년 페이지 명동 리모델링 공사 시공일지

2020. 4. 6.	내부철거, 외부창호 실측
2020. 4. 9.	3~4층 내부 천장 철거
2020. 4. 19.	옥상 실외기 제거 및 반출, 장비 옥상 인상, 알파문구 간판 철거 및 보관
2020. 4. 20.	6층 철거, 시스템비계 설치
2020. 4. 21.	옥탑 물탱크 제거(2개소)
2020. 4. 22.	6층 내벽 철거
2020. 4. 24.	6층 화장실 벽체 철거, 코어 벽체 마감재 철거
2020. 4. 25.	5층 바닥·천장·건식벽 철거
2020. 4. 29.	4층 건식벽·천장 경량철골틀·조적벽·바닥타일 철거
	외부 시스템비계 설치
2020. 5. 4.	3층 천장 경량철골틀 철거
2020. 5. 10.	3층 바닥·천장·화장실 벽체 철거
	2층 천장마감재·전기 및 설비배관 정리
2020. 5. 15.	알루미늄 창호 현장 실측
2020. 5. 16.	지하 1층 벽체 철거
2020. 5. 18.	6층 천장·벽체·창문 철거, 엘리베이터 철거
2020. 5. 21.	6층 및 지하 1층 콘크리트 벽체 컷팅 및 철거, 엘리베이터 철거 마무리
2020. 5. 24.	6층 창틀 간벽 철거 및 기존 연도(굴뚝) 조적벽 철거
	5층 유리창 철거 및 콘크리트 벽체 컷팅 및 철거
2020. 5. 28.	4층 콘크리트 벽체 컷팅 및 철거 및 유리창 철거
2020. 6. 3.	3층 창호 주위 콘크리트 할석, 콘크리트 벽체 및
	창문 철거·반출, 지하층 저수조 철거, 1층 약국 집기류 운반
2020. 6. 4.	6층 바닥 먹매김
2020. 6. 8.	2층 철거, 외부덕트 철거, 지하층 철거
2020. 6. 9.	창호 지지틀 반입 및 양중
2020. 6. 11.	주계단 핸드레일 제작
2020. 6. 12.	수장: 각층 바닥 조적벽체 철거부위 바닥 미장 및 벽체 경량틀 설치
	/ 구조보강: 6층 천장 보 및 슬라브 면처리 및 먹매김
2020. 6. 14.	가설공사: 별관 외부 시스템비계 설치 / 구조보강: 6층 천장 프라이머
	도포 및 탄소섬유보강재 설치
2020. 6. 16.	수장: 지상 4~5층 벽체 경량틀 설치

2020. 6. 20.	1층 방풍실·화장실 벽체 및 바닥·커피빈 벽체 철거, 별관 옥상 두겁 철거 / 구조보강: 6층 보 철판 보강 / 도장: 외벽 면처리(퍼티)
2020. 6. 22.	창호공사: 5층 창호 설치 / 금속공사: 비상계단 난간대 설치
2020. 6. 23.	금속공사: 엘리베이터 보강빔 설치
2020. 6. 27.	창호공사: 6층 창호 설치 / 금속공사: 외부비상계단 난간대, 엘리베이터 출입구 철골빔 설치
2020. 6. 28.	구조보강: 6층 천장 철판보강 인젝션 / 금속공사: 데크 설치
2020. 6. 29.	금속공사: 엘리베이터 빔 보강 및 2층 계단실 앵글작업 / 창호공사: 4층 창호 설치 / 수장공사: 각 층 경량벽체 설치, 각 층 외벽단열 부착 / 철콘(직영): PD데크 철근작업
2020. 7. 3.	철콘(직영): 지하 기계실 기초 철근 배근
2020. 7. 4.	구조보강: 별관 2층 탄소보강 마무리 및 별관 1층 철판보강자재 양중 / 창호공사: 2층 창호 설치 / 수장공사: 각층 석고보드, 코너합판, 시멘트보드, 단열재 설치
2020. 7. 6.	수장공사: 각층 석고보드, 코너합판, 시멘트보드, 단열재 설치
2020. 7. 7.	구조보강: 별관 기둥 철판 보강
2020. 7. 11.	1층 화장실, 3층 옥상바닥 개구부 슬라브 설치 및 철근 배근 / 도장공사: 외벽 면 정리 및 퍼티 작업, 6층 우레탄뿜칠, 5층 드라이비트
2020. 7. 14.	도장공사: 외벽 면 정리 및 퍼티 작업, 초벌 드라이비트 매쉬작업 / 유리공사: 2~6층 유리 설치 / 정화조공사: 정화조 철거 및 청소
2020. 7. 21.	금속공사: 외벽 우수배관 교체
2020. 7. 22.	엘리베이터·레일 설치 작업
2020. 7. 26.	도장공사: 외벽 페인트 / 유리공사: 외부 유리 코킹
2020. 8. 1.	정화조 마무리 공사
2020. 8. 3.	도장공사: 내벽 퍼티 및 도장
2020. 8. 5.	엘리베이터 전기작업 및 마감
2020. 8. 8.	석공사: 현장 방문 및 실측
2020. 8. 9.	석공사: 각층 창대석 운반
2020. 8. 10.	도장공사: 내벽 건식 부분 퍼티 및 도장
2020. 8. 12.	금속공사: 지하층 방화문 설치(명일 전기인입검사)
2020. 8. 14.	수장공사: 1층 건식벽체 석고보드 취부, 4층 바닥 샌딩, 지하 건식벽체 설치
2020. 8. 20.	도장공사: 각층 외부 칠 마감, 시스템비계 해체 후 앙카자리 퍼티 및 칠

2020. 8. 25.	철콘: 거푸집 해체 및 정리 / 금속공사: 1층 테라스 난간대, 재료 분리대 설치
2020. 9. 1.	수장공사: 6층 목공팀 인테리어
2020. 9. 4.	방수공사: 3층 옥상 바닥부분 방수 / 금속공사: 1층 난간 설치, 방화문 문짝 설치 / 수장공사: 5~6층 바닥타일 시공
2020. 9. 5.	철골공사: 1층 별관 외부 철골 계단 자재반입 및 시공 / 석공사: 1층 외부 바닥돌 시공
2020. 9. 13.	석공사: 서측 외부 계단, 남측 외부 석재 시공 / 금속공사: 서측 데크 난간대 설치 / 창호공사: 남측 기둥면 패널 설치
2020. 9. 15.	수장공사: 3·7층 목재데크 시공, 6층 내부 페인트 칠, 7층 바닥 석재타일 시공, 5층 바닥 P타일 시공
2020. 9. 27.	장애인시설물공사: 점자타일 시공, 논슬립 시공, 6층 각실명 취부, 안내표지판 설치, 도움벨 포스트형 재설치
2020. 9. 28.	도장공사: 외부 가스 배관 칠, 각층 벽체 수성페인트 칠
2020. 10. 5.	각층 내부 현장 청소
2020. 10. 6.	각층 내부 현장 청소, 건물 외부 물청소, 동측 외부 계단 물청소

[출처: 더함 | 정리: 윤솔희]

중앙 계단실 후면 휴게공간에 리모델링 공사중 모습

건물 1층 로비와 후면부 해체 공사 모습

물탱크가 있었던 옥탑부 해체 공사의 모습

Drawing   A drawing is a picture made with a pencil or pen.

도면   토목, 건축, 기계 따위의 구조나 설계 또는 토지, 임야 따위를 제도기를 써서 기하학적으로 나타낸 그림.

한국YWCA연합회관 신축도면 (1967년)

[드로잉: 건축사사무소 더사이] D

* 「건축사」 1969년 3월호의 'YWCA회관' 자료를 바탕으로 1966년 작성된 원도면을 참조하여 작성함.

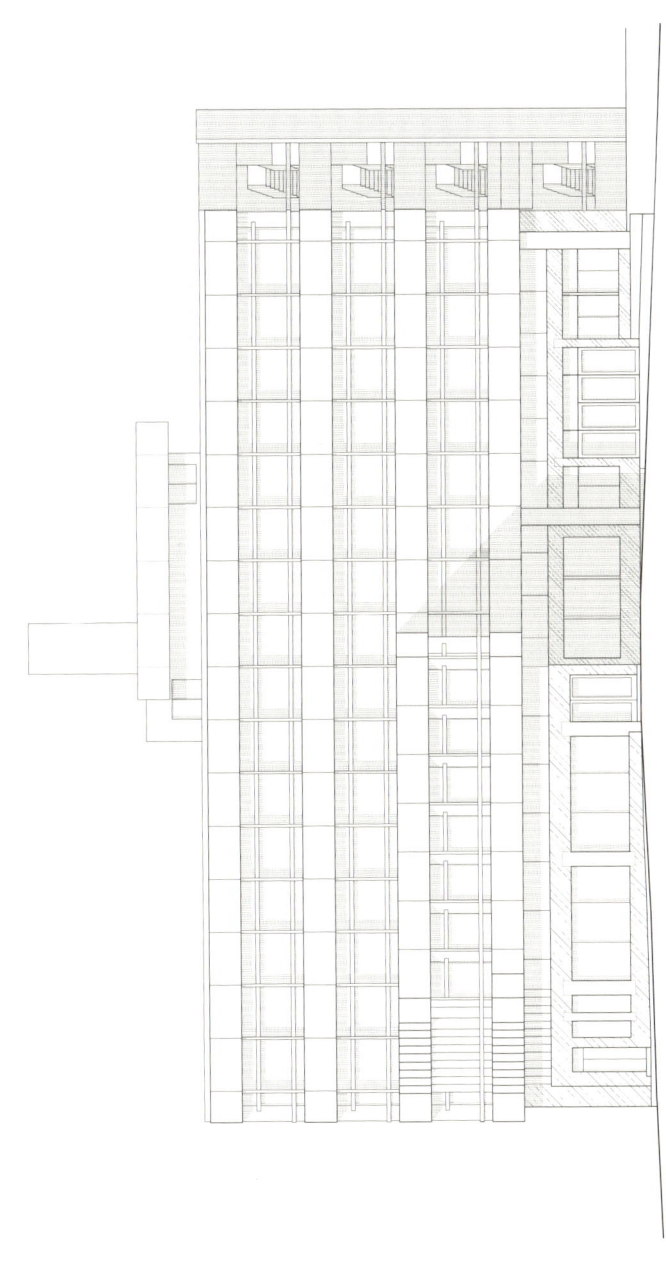

정면도

지하 1층 평면도

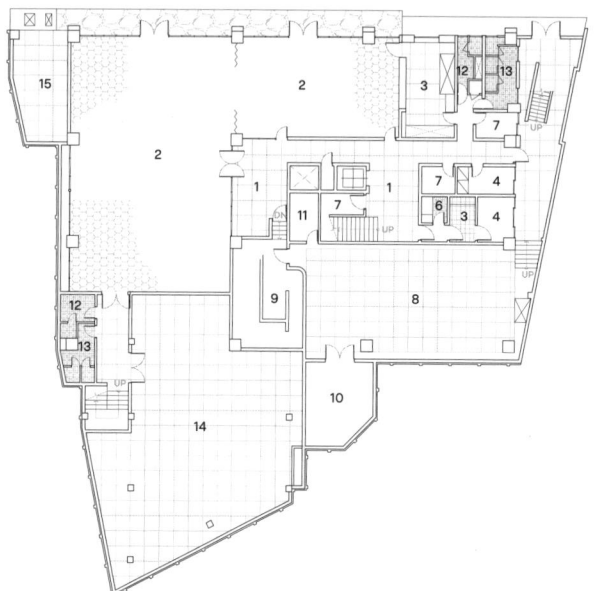

1. 홀
2. 식당
3. 부엌
4. 침실
5. 부엌
6. 목욕조
7. 창고
8. 보일러실
9. 전기실
10. 연료실
11. 화부실
12. 남자화장실
13. 여자화장실
14. 대여실
15. 차고

1층 평면도

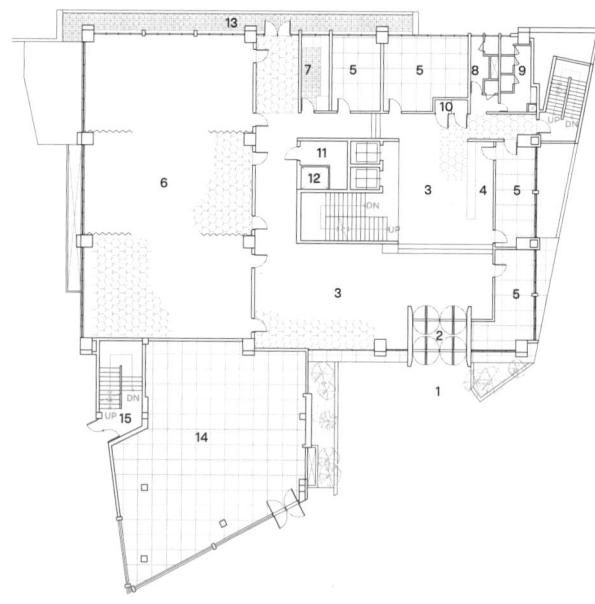

1. 입구
2. 현관
3. 로비
4. 안내소
5. 사무실
6. 회의실
7. 부엌
8. 남자화장실
9. 여자화장실
10. 공중전화
11. 창고
12. 굴뚝
13. 발코니
14. 대여사무실
15. 계단실

2층 평면도

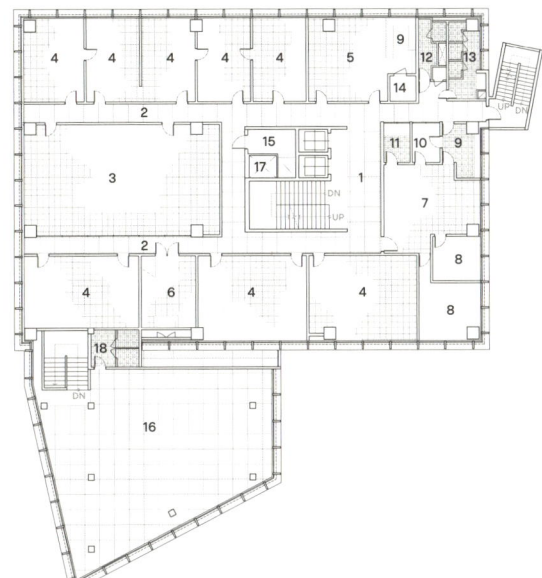

1. 홀
2. 복도
3. 회의실
4. 사무실
5. 식당
6. 기도실
7. 거실
8. 침실
9. 부엌
10. 고용인실
11. 목욕실
12. 남자화장실
13. 여자화장실
14. 찬광
15. 창고
16. 대여사무실
17. 굴뚝
18. 화장실

중2층 평면도

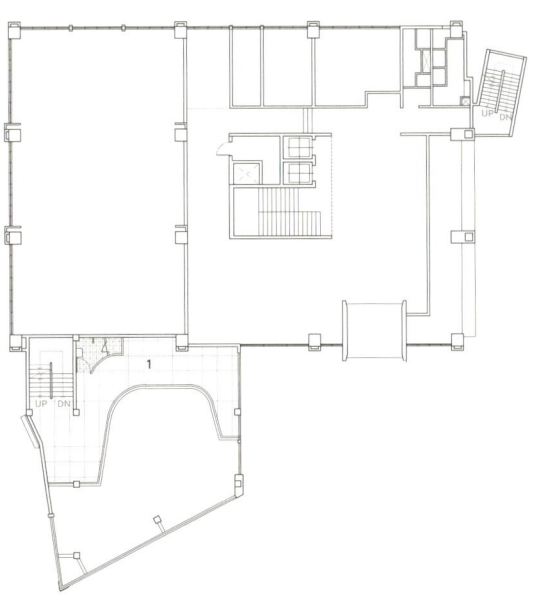

1. 대여사무실

3~4층 평면도

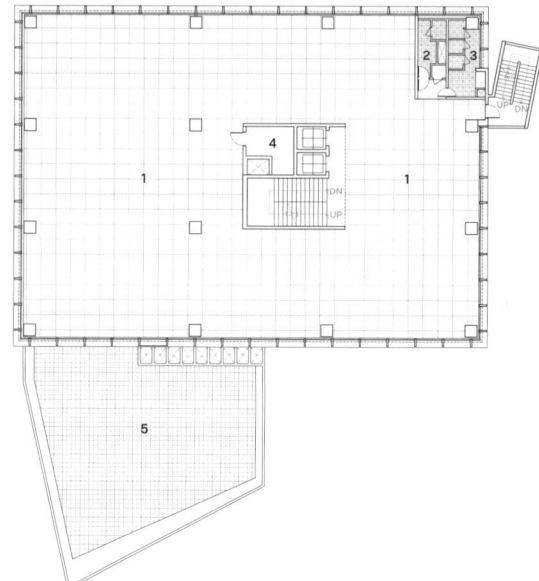

1. 대여실
2. 남자화장실
3. 여자화장실
4. 창고
5. 베란다

외벽상세도

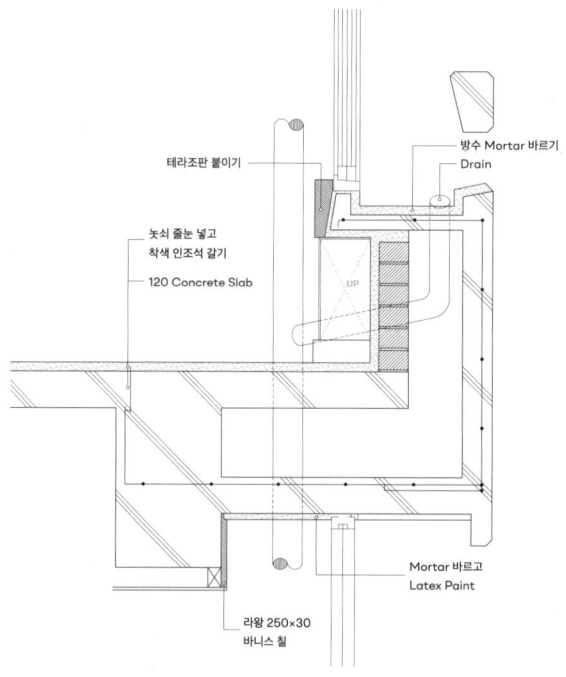

한국YWCA연합회관 공사 전 실측도면 (2019년)

[드로잉: 건축사사무소 더사이]

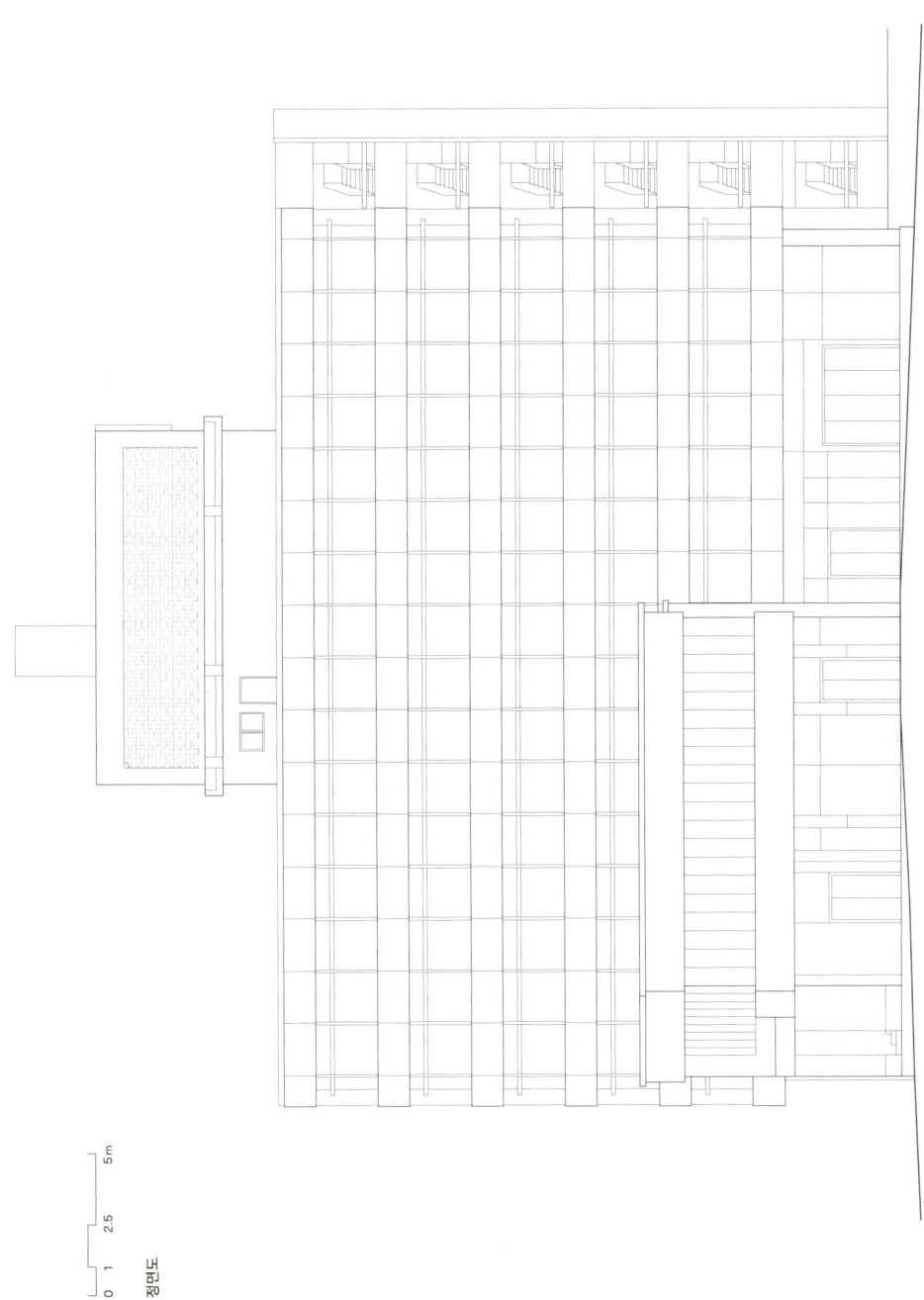

지하 1층 평면도

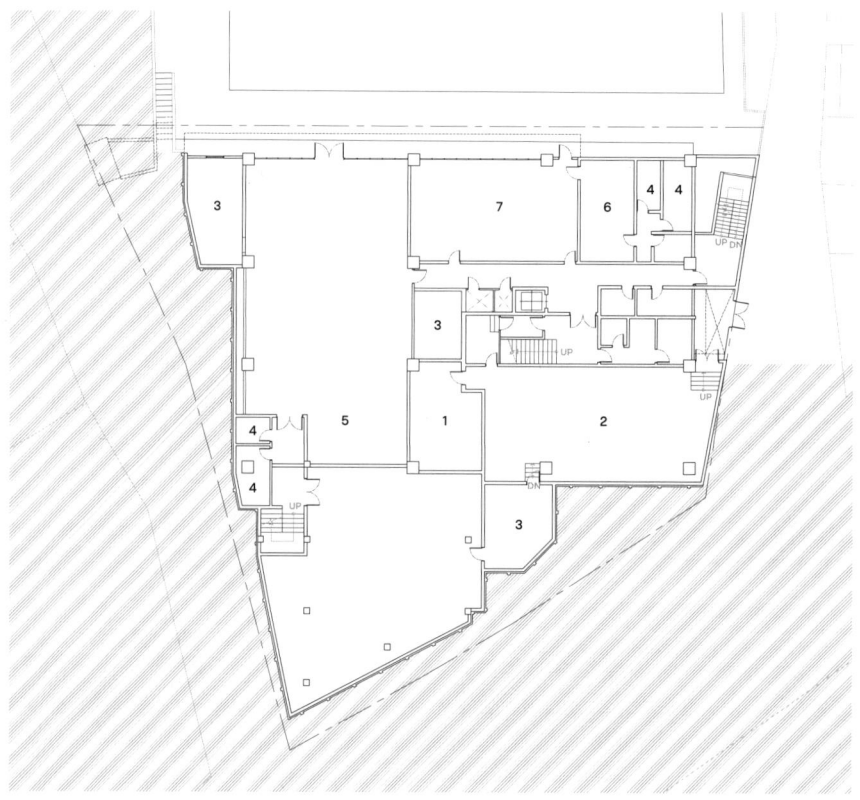

1. 전기실
2. 기계실
3. 창고
4. 화장실
5. 일반음식점
6. 의원
7. 사무소

1층 평면도

1. 로비
2. 관리실
3. 창고
4. 화장실
5. 소매점
6. 휴게음식점

3층 평면도

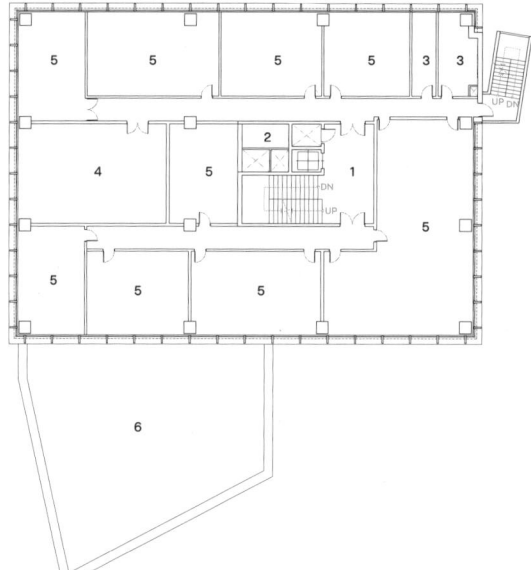

1. E/V 홀
2. 창고
3. 화장실
4. 학원
5. 사무소
6. Roof Deck

4~6층 평면도

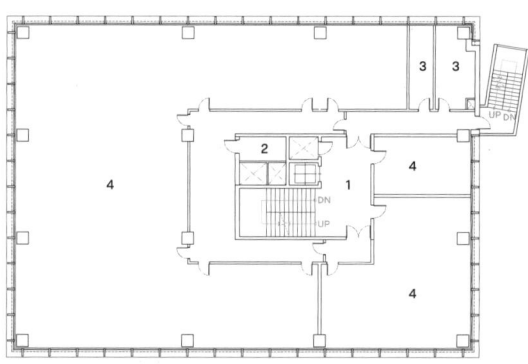

1. E/V 홀
2. 창고
3. 화장실
4. 사무소

페이지 명동 리모델링 설계 도면
(2020년)

[드로잉: 건축사사무소 더사이]

D

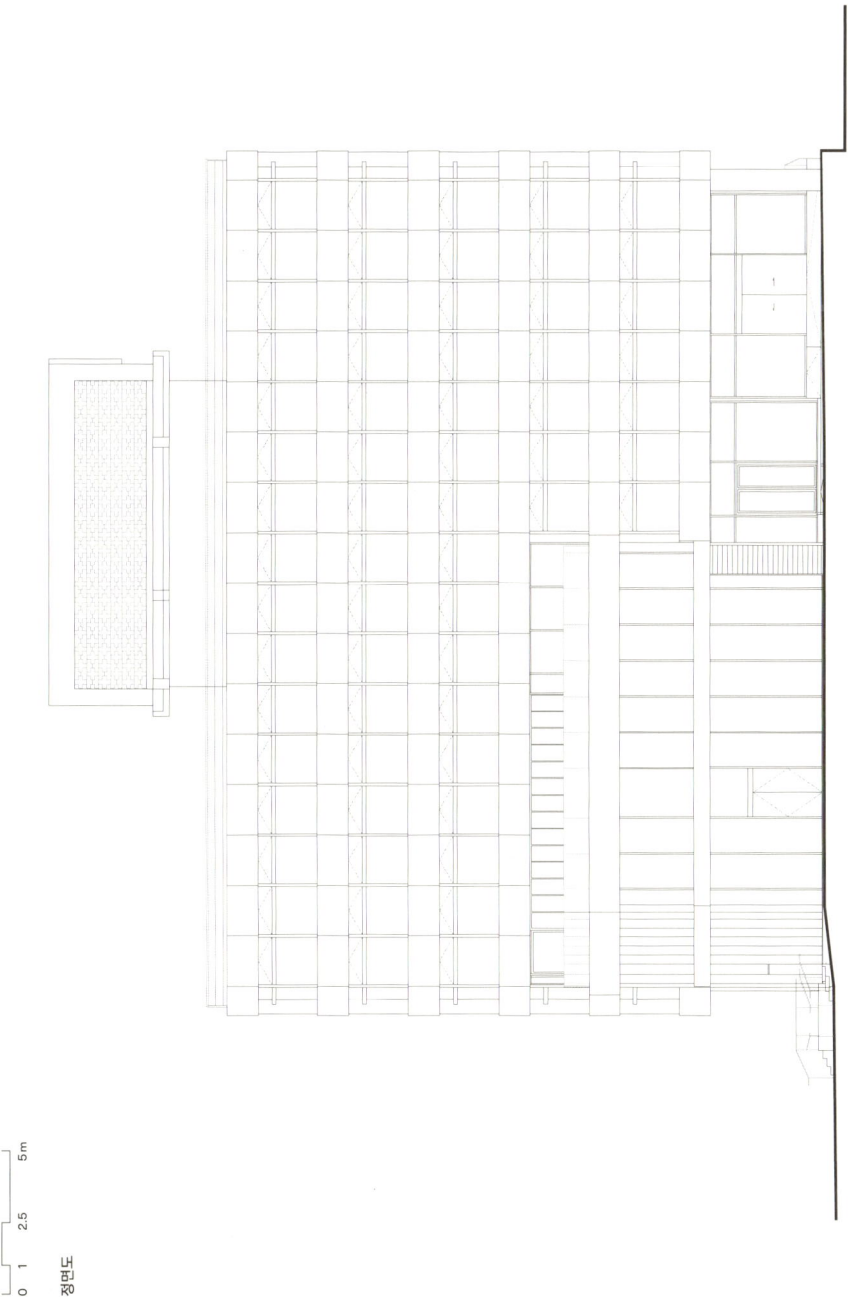

정면도

좌측면도

2층 평면도

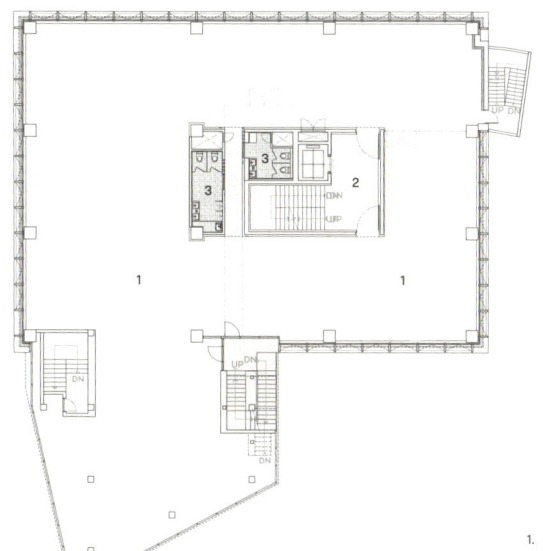

1. 근린생활시설
2. E/V 홀
3. 화장실

1층 평면도

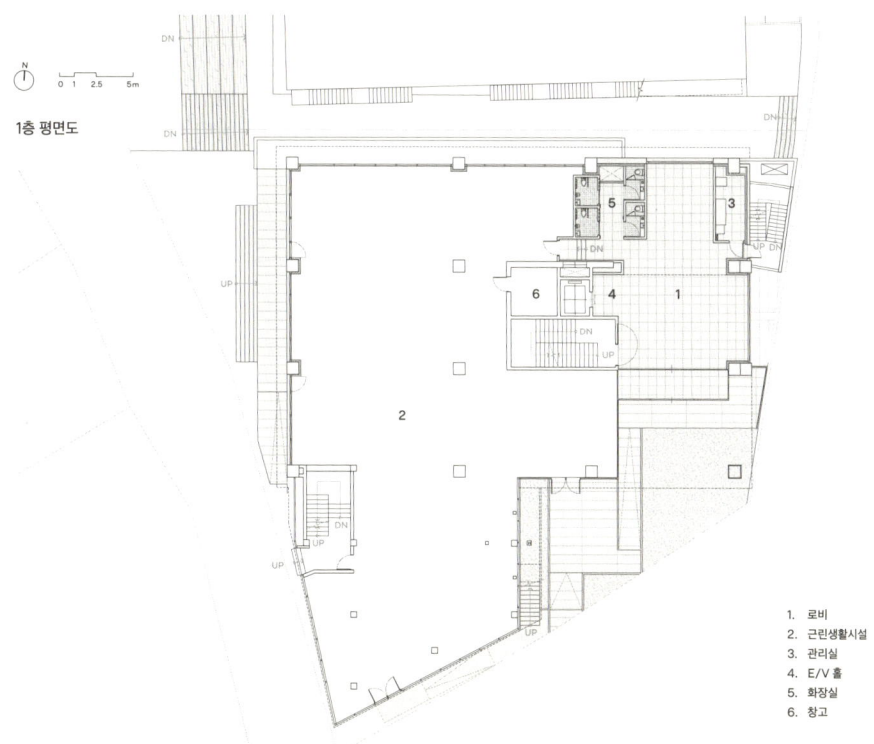

1. 로비
2. 근린생활시설
3. 관리실
4. E/V 홀
5. 화장실
6. 창고

3층 평면도

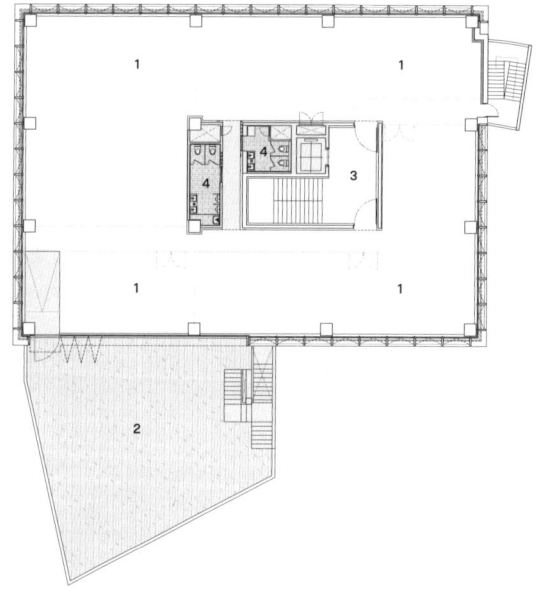

1. 근린생활시설
2. 옥상테라스
3. E/V 홀
4. 화장실

7층 평면도

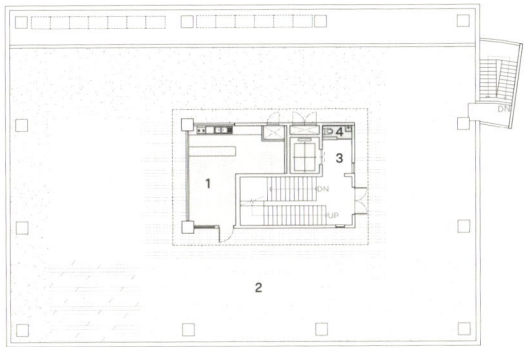

1. 근린생활시설
2. 옥상테라스
3. E/V 홀
4. 화장실

Deoham A community platform company that connects spaces and people

더함 공간과 사람을 연결하는 커뮤니티 플랫폼 기업

더함
공간과 사람을 연결하는 커뮤니티 플랫폼

D

인터뷰이. 양동수(더함 대표)

먼저 더함을 설립한 배경에 대해 들려주세요. 설립 당시 대표님이 느꼈던 갈증은 무엇이었고 어떤 문제를 해결하고 싶었나요?
제가 2014년에 더함을 시작했는데, 그때는 '사회적 경제 법센터'란 수식어를 썼어요. 공익인권 분야에서 활동하는 변호사였고 비영리 영역, 사회적 경제 영역에 대한 이해가 높아지다 보니 이것이 우리 사회에 새로운 변화를 가져오는 데 중요한 역할을 하리라고 생각했어요. 그래서 사회적 경제 영역에 전문적으로 법률 제정을 지원하고 제도 개선을 돕는 변호사 그룹을 만들어야겠다고 생각했어요. 그렇게 시작한 게 더함이에요. 그러던 차에 사실은 정말 우연한 기회에 국내 부동산을 들여다보게 됐어요. 당시 뉴스테이 정책이 갓 나온 때였거든요. 그 규정을 하나씩 살펴보면서 공급자에게 굉장히 혜택이 많은 제도란 생각이 들었어요. '이런 이런 부분을 조금만 비틀어 본다면 더욱 많은 사람들이 이익을 나누고, 공공성과 사회적 가치도 얻을 수 있겠다'라는 아이디어가 생겼죠. 그래서 2015년 9월 사회적 부동산 센터를 발족했어요.

그때부터 본격적으로 사회적 부동산 사업에 뛰어든 셈이군요?
아뇨. 그렇게까지 할 생각은 없었어요. 그저 이러한 정책들이 이렇게 바뀌면 더 좋은 방향이 될 것이라는 일종의 정책 제안을 한 거예요. 늘 해왔던 일처럼요. 그런데 부동산 영역은 제안한다고 반영되지 않더라고요. 다음 질문이 돌아와요. "그게 진짜 가능한가요?" (웃음) 실제로 구현이 되는 모습을 끊임없이 증명해야 하는 영역이었던 거죠. 그래서 한 걸음 한 걸음 딛다 보니 여기까지 왔어요.

우리 사회에서 '부동산'과 '사회적 경제' 이 두 단어가 어울린 적이 극히 드물었던 것 같아요.
수많은 문제가 여기저기에서 폭발하고 있는데, 이걸 해결하기 위해서는 기존의 것을 하나둘 바꾸는 거로는 소용이 없겠다, 본질적인 패러다임을 바꿔야 한다는 생각이었어요. 그래서 약해진 사회적 안전망을 튼튼하게 복구하고 기본적으로 기능했던 사회적 인간관계를 회복하게 하는 데에 필요한 '무엇'을 고민했어요. 그러던 중 사람이 가장 오랫동안 시간을 점유하는 공간인 집에 초점을 맞추게 됐고요. 부동산은 곧 금융의 문제이거든요. 자본을 어떻게 확보하고 활용하느냐의 문제인데, 당시 뉴스테이 정책을 비틀어 보면서 아이디어를 찾은 거죠. 당연히 성공할 거란 확신이 있던 건 아니에요. 다만 아무것도 하지 않고 악화되는 상황을 관망하기보다는 해결책을 찾아다니는 과정이라도 의미 있지 않을까 생각했던 것 같아요.

더함의 주요 사업은 무엇인가요? 시장에서의 이윤 추구와 사회적 가치 실현 이 두 가지의 균형점을 찾아가는 전략이나 노하우가 있을까요?
크게 보면 공간을 만드는 사업이라고 보시면 돼요. 협동조합형 임대주택인 위스테이도 그중 하나고요. 1인 가구를 대상으로 한 청년 주거 모델과 시니어 주거 모델도 관심이 있어요. 또 주거시설뿐만 아니라 페이지 명동이나 마곡 지식산업센터 같은 업무시설이나 상업시설도 기획하고 운영합니다. 주변에서 왜 이렇게 다양한 공간을 다루느냐고 질문하시기도 하는데요. 주거시설이든, 업무시설이든 어느 한 공간만 변한다고 해서 우리 삶이 바뀌지 않기 때문이죠. 이 공간들이 균형감 있게 바뀌어야 우리 삶이 달라질 수 있어요. 사실 공간보다 더 주목하는 것은 공간이 잘 만들어졌을 때 형성되는 사용자 사이의 커뮤니티예요. 거기에 힘이 있다고 생각하거든요. 나아가 커뮤니티를 기반으로 여러 비즈니스를 만들어 볼 수도 있다고 생각합니다. 사실 이윤 추구와 사회적 가치 실현이 서로 위배된다고만 생각하지는 않아요. 요즘 소비자들은 '가성비'만큼이나 '사회적 가치'를 중시하고 있어요. 돈을 조금 더 들이더라도 충분히 가치가 있다면, 가치 있고 의미 있는 쪽을 선택하는 거죠.

이전에 기업을 경영해본 경험이 있었나요?
변호사 그룹을 이끌어 본 적은 있어도 이처럼 기업을 경영하는 대표 역할은 처음이에요. 그래서 솔직히 모든 일이 새로워요. 저는 목표지향적인 성향이 뚜렷해요. 자기합리화일 수도 있는데, '내가 굳이 기업을 만들 필요는 없으나 만약 한다면 진짜 작동하는 사회적 안전망을 만들어야겠다'고 생각했어요. 그래서 3년 차까지 스스로를 그저 몰아붙였던 것 같은데, 요즘 들어서는 이게 하루아침에 이뤄질 일이 아니란 게 느껴져요. 그렇다면 길게 버텨내는 힘을 어디서 만들까, 그 과정에서 좋은 뜻과 의도가 변치 않으려면 어떻게 해야 하나 그런 고민을 하고 있어요. 이전까지 변호사란 정체성이 더 컸는데, 지금은 40여 명과 함께 목적지를 향해 가는 기업인이죠.

페이지 명동

원래 명동이라는 지역에 관심이 있었나요?
간혹 들르긴 했어도 자주 오는 곳은 아니었죠. 일 때문에 한국YWCA연합회관에 종종 오는 정도였어요. 위스테이 사업을 시작하고, 모델하우스의 위치를 정하기 위해 여러 지역을 고민했는데, 그때부터 명동이 달리 보이기 시작하더라고요. 저희는 뭔가 다른 방식의 모델하우스를 구상하고 있었거든요. 인테리어를 보러 잠시 들르는 공간이 아니라 머물 수 있고 미래의 이웃들과 이야기할 수 있는 공간, 모델하우스 사용이 끝나도 계속 쓸 수 있는 공간을 상상했어요. 그러다가 별내와 지축 모델하우스를 하나로 만들 수 있겠다면 건축비, 운영비도 절약할 수 있고, 조합원 커뮤니티도 만들 수 있겠다는 생각까지 나갔죠. 그런 눈으로 땅을 보니 명동이 딱이더라고요. 서울의 중심이고 대중교통으로 어디서나 접근성이 좋고요. 그래서 나대지 주차장이던 곳을 확보해 2018년 6월 커뮤니티하우스 마실을 오픈했어요.

그다음으로 페이지 명동을 기획하신 건가요? 처음 아이디어를 들은 한국YWCA연합회의 반응은 어땠나요?
반겨주셨어요. 한국YWCA연합회에서도 창립 100주년을 앞두고 건물의 쓰임에 대해 고민하던 차였다고 하시더라고요. 계속 고민하던 숙제가 있었는데, 저희가 그때 마침 제안을 드렸던 것이죠. (웃음) 저희가 그동안 마실에서 행사하던 모습을 봐 오셨던 터라 같은 방향을 볼 수 있겠다고 믿어주신 것 같아요. 정말 감사한 일이죠. 이전까지 공익변호사와 비영리단체와의 관계였다면 그때부터 혁신적인 공간사업을 하는 기업가로 관계를 맺기 시작했어요. 사실 치밀하게 기획해서 벌인 일이 아니에요. 오래된 건물이 있었고 그곳에 있는 이들도 어떤 새로움을 찾고 있었던 것뿐이랍니다. 저희가 있는 이곳은 서울에서 중심인 명동이지만, 명동에서는 또 변방에 속해요. 이 오묘한 경계선에서 한국YWCA연합회와 함께 새로운 사회를 향한 꿈을 펼치면 재미있고 의미있겠다고 생각했어요.

이곳에 지내보니 어떤가요?
역사적 현장에 들어온 것 같아요. 독립운동가 이회영 생가터, 민주화의 성지인 명동성당, 그리고 빼곡하게 들어찬 오늘날의 현대식 건물까지. 독립운동부터 민주화, 산업화의 역사가 파노라마처럼 펼쳐져요. 풍경도 정말 좋고요.

페이지 명동을 기획할 때 어떤 가치를 이루고 싶었나요?
어떤 콘텐츠를 넣을지 정말 고민을 오래 했어요. 수익 구조상 공간 전체를 실험적으로 운영하는 것은 어려울 테니, 저층부를 리테일로 임대하여 적정한 수준의 자본을 확보하고, 고층부에서는 이런저런 실험을 해보자는 계획을 세웠던 거죠. 실험공간이라 함은 명동이란 울타리 안에서 인연을 맺고 살아가는 사람들이 모여서 무언가를 작당하는 공간 정도로 생각했어요. 그런데 코로나19 대유행이 오면서 저층부 임대 공간의 임차인 확보에 어려움이 생겼죠. 그래서 이를 계기 삼아 저층부의 전략도 바꾸게 되었어요. 명동의 로컬리티를 경험해 볼 수 있는 공간을 직접 운영하거나, 다양한 형태의 사회적 가치를 실험할 수 있는 주체들을 찾아보게 된 거죠. 최근에 3층 테라스에 오픈한 에스프레소 바 '몰또'도 이 경우에 해당하고요. 곧 1층과 6층에도 사회적 가치 확산을 목표로 한 현대차 정몽구 재단의 공간이 들어설 예정입니다. 모든 공간이 마찬가지이지만 공간의 주인공은 사용자들이고 저희는 건강한 틀을 만들고 안전하게 유지될 수 있는 구조를 짜는 데 집중하고 있어요.

페이지 명동을 통해 어떤 혁신을 꿈꾸고 있는지 들려주세요.
최근 '커뮤니티'란 단어를 앞세운 사업모델이 많아져서 자칫 심심하게 들릴 수 있으나 저희의 목표는 일상에서 사회적 경제를 경험하는 방식을 좀 더 다양하게 디자인하는 것이에요. 사소하게는 빵과 커피를 구매하는 순간에도 분명 이전까지 경험하지 못했던 사회적 가치를 느낄 수 있다고 생각해요. 제품을 큐레이션하는 일뿐만 아니라 제품을 소비하는 방식까지 아울러 디자인하는 것이 중요한 이유예요. 페이지 명동이란 공간에 와서 자신의 일상을 나누고 성장하고 휴식하는 것 자체로도 충분히 의미있다고 생각해요. 그렇지만 여기서 더 나아가, 그 경험 속에서 어떤 가치를 발견하고, 그 가치를 본인의 삶에 다시금 녹여 이웃들에게 확산하는 모습까지 나아갈 수 있다면 좋겠다고 생각합니다.

운영자 입장에서 이 건물의 보존과 활용에 가장 고심했던 부분은 어딘가요?
리모델링을 할 때 파사드의 아름다움을 최대한 살리자고 제안했어요. 다른 건물에서 볼 수 없는 유일무이한 특징이잖아요. 특히 커튼월 건물이 많은 명동이란 콘텍스트에서 더 돋보이는 것 같아요. 그것 말고는 이웃들이 건물에 쉽게 접근할 수 있도록 동선을 잘 풀어내는 것 정도요. 바쁘게 일하다가도 잠시 쉬러 갈 수 있는 공간이 되길 바랐어요. 그래서 테라스와 옥상 조경에 심혈을 기울였죠. 물론 저 멀리 남산이 있지만 가까이에 이런 장소가 있으면 쉬고 싶을 때 가장 먼저 생각나지 않을까요?

미래 비전

페이지 명동과 마실은 어떤 시너지를 이루나요?
두 공간이 함께 기능해야 지역 안에서 앵커 역할을 충분히 해낼 수 있을 거예요. 대공간으로서 큰 행사를 수용할 수 있는 곳이 마실이라면 페이지 명동은 그보다 작은 단위의 그룹이 모여 무언가를 할 수 있는 공간이에요.

좋은 공간은 좋은 커뮤니티를 만드는 조건이 될까요?
전제조건이 될 수는 있다고 생각해요. 공간의 분위기에 따라 사람의 태도나 마음가짐 역시 달라지거든요. 다만 좋은 커뮤니티를 위한 충분조건이 아니기에 다른 지원도 함께 일궈가는 노력이 필요해요. 아무리 좋은 공간도 금방 익숙해지기 마련이거든요.

페이지 명동 이후, 그러니까 다음의 페이지 장소도 계획 중인가요?
아직 구체적인 계획은 없지만, 만든다면 단순히 시류에 따라 결정하기보다는 우리 사회를 반걸음이라도 바꿀 수 있는 장소면 좋겠다고 생각해요. 다시 말하면 보통 명동 다음으로 강남, 홍대, 신사, 성수처럼 유동인구가 보장된 곳을 떠올릴 텐데 그러고 싶지는 않아요. 구성원들은 리모델링이 힘들다고 우려하긴 하지만, 페이지 명동처럼 역사적으로 사회적으로 어떤 잠재력이 있는 건물이면 좋겠다고 생각하고 있어요.

[인터뷰어: 윤솔희]

2019년 10월 17일 명동 커뮤니티하우스 마실에서 명동 소셜 거점 구축 마스터리스 계약을 체결했다. 왼쪽부터 양동수 더함 대표, 강교자 한국YWCA연합회 이사장
사진제공 더함

Fact Sheet A fact sheet is a short, printed document with information about a particular subject, especially a summary of information that has been given on a radio or television programme.

건축개요 건물에 관한 구조, 층수, 면적 등 건물 개요를 설명할 뿐만 아니라 각종 설비 계통에 대한 개략적 설명을 적은 문서.

작품명	페이지 명동(구 한국YWCA연합회관 리모델링)	
설계	(주)건축사사무소 더사이(이진오)	
공간기획	사이트앤페이지(박성진)	
설계담당	이진오, 황미정, 표선정, 김태현	
위치	서울특별시 중구 명동길 73	
지역지구	중심상업지역, 방화지구, 특정개발진흥지구, 제1종지구단위계획구역	
용도	업무시설(사무소, 근린생활시설)	
대지면적	1,248.4㎡	
건축면적	897.99㎡	
연면적	5.533.6㎡	
	지하 1층 : 877.73㎡. 제2종근린생활시설(일반음식점)	
	지상 1층 : 857.59㎡. 제1종근린생활시설(소매점)	
	지상 2층 : 897.99㎡. 업무시설(사무소)	
	지상 3층 : 692.89㎡. 업무시설(사무소)	
	지상 4층 : 692.89㎡. 업무시설(사무소)	
	지상 5층 : 692.89㎡. 업무시설(사무소)	
	지상 6층 : 668.20㎡. 업무시설(사무소)	
	지상 7층 : 71.77㎡. 제2종근린생활시설(일반음식점)	
	지상 8층 : 81.65㎡. 제2종근린생활시설(독서실)	
규모	지상 8층, 지하 1층	
높이	29.84m	
주차대수	해당사항 없음(용도변경, 증축으로 인한 면적 증가 없음)	
건폐율	71.93%	
용적률	372.95%	
구조	철근콘크리트조	
외부마감	노출콘크리트+도장	
실내마감	석고보드+도장, 인조대리석	
구조설계	(주)은구조	
시공	(주)더윈건설	
기계전기	(주)성지이엔씨	
조경설계	(주)씨토포스	
설계기간	2019. 9. ~ 2020. 6.	
시공기간	2020. 4 ~ 10.	
건축주	(사)한국YWCA연합회후원회(위탁자), 더함(수탁자)	

Heritage   A country's heritage is all the qualities, traditions, or features of life that have continued over many years and have been passed on from one generation to another.

미래유산   미래유산은 근현대 서울의 가치 있을 배태로 다수 시민이 체험하거나 기억하고 있는 사건, 인물 또는 이야기가 담긴 유·무형의 것으로서 서울특별시 미래유산보존위원회가 미래세대에 남길 만한 가치가 있다고 인정한 것을 말한다.

한국YWCA연합회관이었던 페이지 명동은 'YWCA'라는 명칭으로 서울시 미래유산 정치역사분과(인증번호 2013-006, 소재지 서울시 중구 명동길 73)에 지정되어 있다. 지정 배경과 보존의 필요성에 대해선 "계몽운동, 여성운동, 환경운동, 복지운동, 평화운동 등을 펼쳐온 한국의 기독교 여성단체 본부가 있는 곳. YWCA위장결혼식사건과 민주헌법쟁취 국민운동본부가 결성되었던 역사적인 장소로써 보존할 필요가 있음"이라고 밝히고 있다.

하지만 서울시 미래유산 홈페이지에 "일련의 역사적 사건이 일어났던 건물은 1967년 건립되어 1999년에 철거되고 그 자리에 현재의 지하 1층, 지상 6층의 YWCA 건물을 신축했다"라고 설명하는데, 위장결혼식이 일어났던 당시 서울YWCA 강당 자리는 현재 커뮤니티하우스 마실 자리(서울특별시 중구 명동1가 1-6)이다. 과거 서울YWCA 강당은 한국YWCA연합회관과 서울시 중구 명동1가 1-3으로 같은 필지로 묶여 있었다고 한다. 하지만 미래유산 홈페이지 설명처럼 서울YWCA 강당의 철거와 한국YWCA연합회관의 신축은 전후 인과관계가 전혀 없으며, 시기적으로도 성립되지 않는다. 이는 기초현황조사 과정에서 서울YWCA회관과 한국YWCA연합회관을 구분하지 못했거나 필지의 분할과정을 파악하지 못한 데서 발생한 문제이며, 이에 이번 아카이빙과 출판을 준비하는 과정에서 이 같은 상황을 서울시 미래유산 담당자에게 전달하였다. 하지만 위장결혼식과 같은 역사적 사건의 중심에 YWCA가 있었고, 단체의 상징성을 주목한다면 당시 같은 필지였던 현재의 장소도 의미가 있다. 잘못된 정보와 내용 수정 관련해서는 서울시 정치역사분과에서 재논의되어야 할 것이다.

서울시 미래유산제도는 문화재로 등록되지 않은 서울의 근현대 문화유산 중에서 미래세대에게 전달할 만한 가치가 있는 유·무형의 모든 것을 대상으로, 근현대를 살아오면서 함께 만들어온 공통의 기억 또는 감성으로 미래세대에게 전할 유산을 지정하는 것이다. 2021년 1월 기준 문화예술 114개, 정치역사 47개, 시민생활 138개, 산업노동 65개, 도시관리 107개가 지정되어 있다. 정치역사분과의 미래유산 중 시민단체회관으로는 율곡로의 걸스카우트회관(인증번호 2016-001)이 있고, 상암동 일본군 관사(인증번호 2013-127), 서울역광장(인증번호 2013-143), 여의도 지하벙커(인증번호 2013-179) 등이 있다.

[글: 박성진]

한국YWCA연합회관 당시의 건물 모습. 앞으로 돌출된 발코니 벽면은 원형과 많이 달라져 있다
자료출처 서울시 미래유산

커뮤니티하우스 마실이 들어서기 전에 한국YWCA연합회관 후면과 주차장
자료출처: 서울시 미래유산

H

한국YWCA연합회관 당시의 엘리베이터홀
사진제공 다함

Kim Chungsook Born in Seoul, Korea in 1916. She was a sculptor and professor. He was one of the pioneers of abstract sculpture in Korea in the 1950s.

김정숙 1916년 대한민국 서울 태생. 조각가이자 교수였고 50년대 한국 초기 추상조각의 개척자 중 한 명이다.

한국YWCA연합회관은 시민운동의 거점으로 굵직한 역사적 사건들이 일어났던 시기를 지나서는 오랫동안 일반 임대용 건물로 사용되었다. 저층부에는 금융기관이나 판매시설 등이 입점했고, 2020년 리모델링 공사 전까지 카페와 문고, 여러 은행 지점과 교역 사무실 등이 입주해 있었다. 이런 상황에서 가장 마지막까지 이 건물의 정체성과 YWCA라는 태생을 온전히 보여주었던 것이 바로 건물 정면 현관 옆에 위치한 조각가 김정숙의 부조 작품 '여신상'이었다.

1968년 화강암으로 제작된 이 작품은 붉은 벽돌을 배경으로 재료와 컬러의 명확한 대비를 보여준다. 가운데 날개 달린 천사를 중심으로 좌우에 두 여인이 한쪽 무릎을 꿇고 있는 모습인데, 세 여인은 한국YWCA연합회 창설자인 김활란, 유각경, 김필례를 상징하고, 이들이 들고 있는 횃불은 영, 비파는 지, 향유는 체로서 YWCA 이념을 상징한다.

김정숙은 한국 최초의 여성 조각가로 불리던 이로, 한국 초기 추상 조각의 개척자 중 한 사람으로 평가받는다. 1953년 홍익대학교 조각과를 졸업하고, 1955년 미국 크랜브룩 아카데미 오브 아트(Cranbrook Academy of Art) 대학원에서 추상조각과 용접을 배운 후 귀국했다. 1957년 홍익대학교 교수로 취임해 국내 최초로 '용접조각실'과 '철사조각실'을 개설하고 해외 조각계의 최신 경향을 국내에 알리면서 새로운 재료기법을 가르쳤다. 1962년 첫 개인전을 전후한 시기에는 주로 인간과 인간 가족, 모성애 등의 주제를 반추상 기법으로 다루었고, 1971년의 두 번째 개인전 시기에는 '장승', '토템', '토르소', '껍질', '생', '자라나는 날개' 등을 선보이면서 추상 작품을 많이 만들었다. 1988년까지 홍익대학교 조각과 교수로 일하면서 조각과장, 미술학부장, 조형미술연구원장 등을 역임하였고, 1971년까지 대한민국 미술전람회에 초대작가로 여러 차례 출품하였다.

한국YWCA연합회관 작품은 박에스더 여사의 제안으로 신축 건물 벽면에 조각한 부조이다. 그는 이 외에도 YWCA와의 관계를 바탕으로 1969년에 기독교연합회관 현관에 세계 종교를 상징하는, 만인의 구세주상과 그를 향해 나아가는 신도들의 행렬을 부각하기도 했다. 김정숙 자서전 『반달처럼 살다 날개되어 날아간 예술가』(열화당, 2001년)에는 당시 한국YWCA연합회관 신축을 다음과 같이 회고하고 있다.

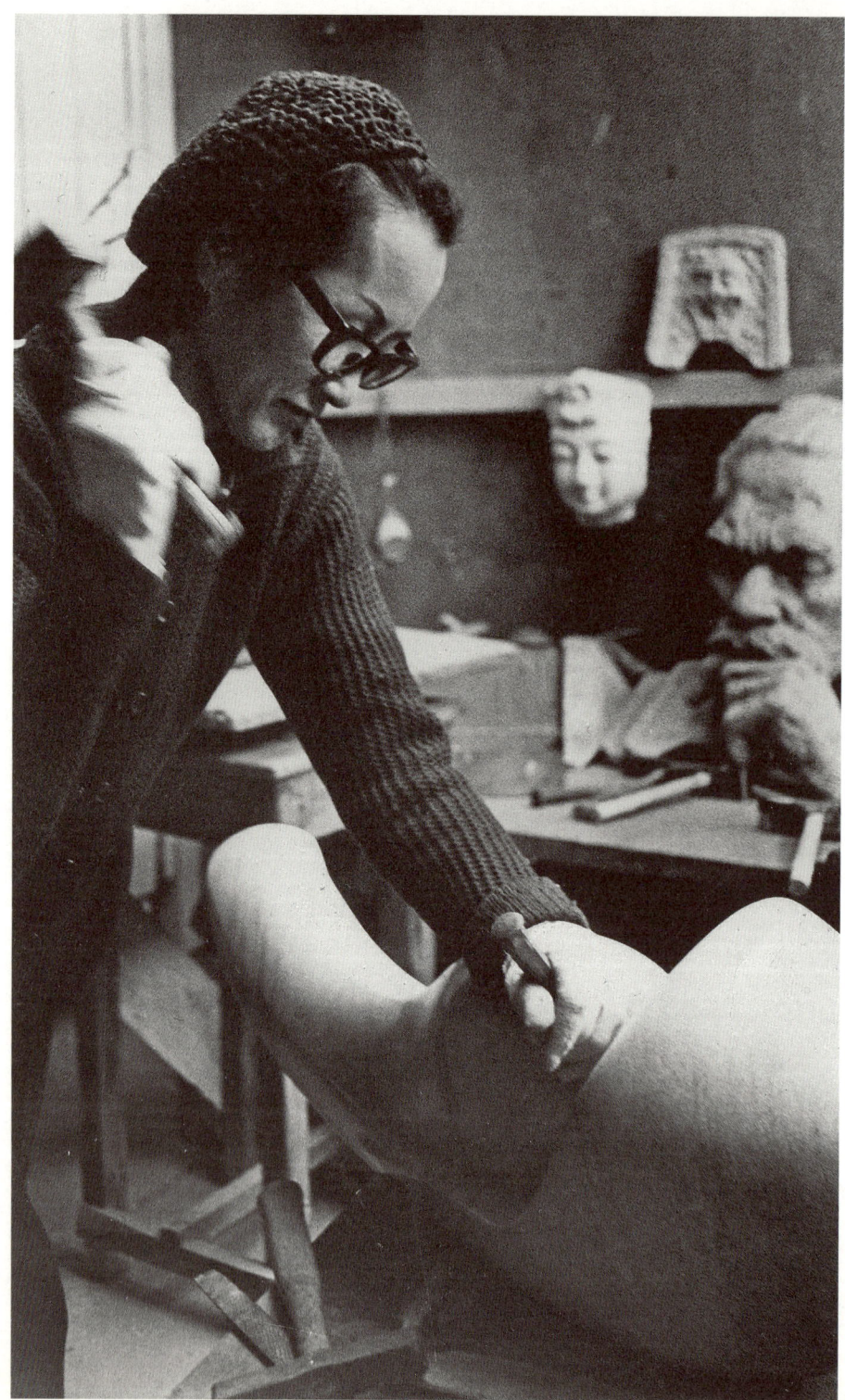

삼청동 작업실에서 작품 '미뜨나'의 제작에 몰두하고 있는 김정숙 작가(1965)

삼청동 작업실에서 돌을 쪼며 작품 '겹겹의 형태'를 만들어 가고 있는 모습(1962)

연희동 작업실에서 작업도구를 점검하고 있는 작가(1976)

삼청동 작업실에서 작품 모형의 보존을 위해 비닐을 치고 있는 모습(1969)

'YWCA연합회 건물을 새로 지을 때도 그의 숨은 노력이 많았다. 돈을 쌓아 놓고 시작한 일이 아니라 없는 돈을 여기저기서 끌어가며 벌여 놓은 일이었기 때문에 처음부터 재정난에 허덕여야 했고 나중엔 빚 독촉에 몰려 에스더 여사 자신이 캐비닛 속에 숨는 촌극까지 빚어졌다. 내가 그때 회관의 벽면 부조 제작을 맡았던 것도 에스더 여사의 아이디어에 따른 것이었다. 일이 얼마나 어려웠던지 도중에 그는 자포자기하여 중지하자고 한 일까지 있었다. 초창기 YWCA의 가난한 사정은 나 역시 모르는 바 아니었으나, '여자들 하는 일이란 이렇다'는 말을 들을까 우리는 서로를 격려하며 일을 계속해 갔다. 결국 서로서로 부축해 가며 다시 일어서 YWCA건물은 준공을 보고야 말았던 것이다.'

현재 한국YWCA연합회관 벽면에 있던 '여신상' 작품은 리모델링 과정 중에 해체되어 한국YWCA연합회 버들캠프장에 보관 중이라고 한다.

[글: 박성진, 사진제공: 열화당]

한국YWCA연합회관에서 해체 이전되기 직전의 '여신상' 모습

Louver　A louver is a door or window with narrow, flat, sloping pieces of wood or glass across its frame.

루버　좁다란 널빤지로 빗대는 창살. 또는 창 가리개. 통풍이나 빛을 가리기 위하여 사이를 띄워서 비스듬히 댄다.

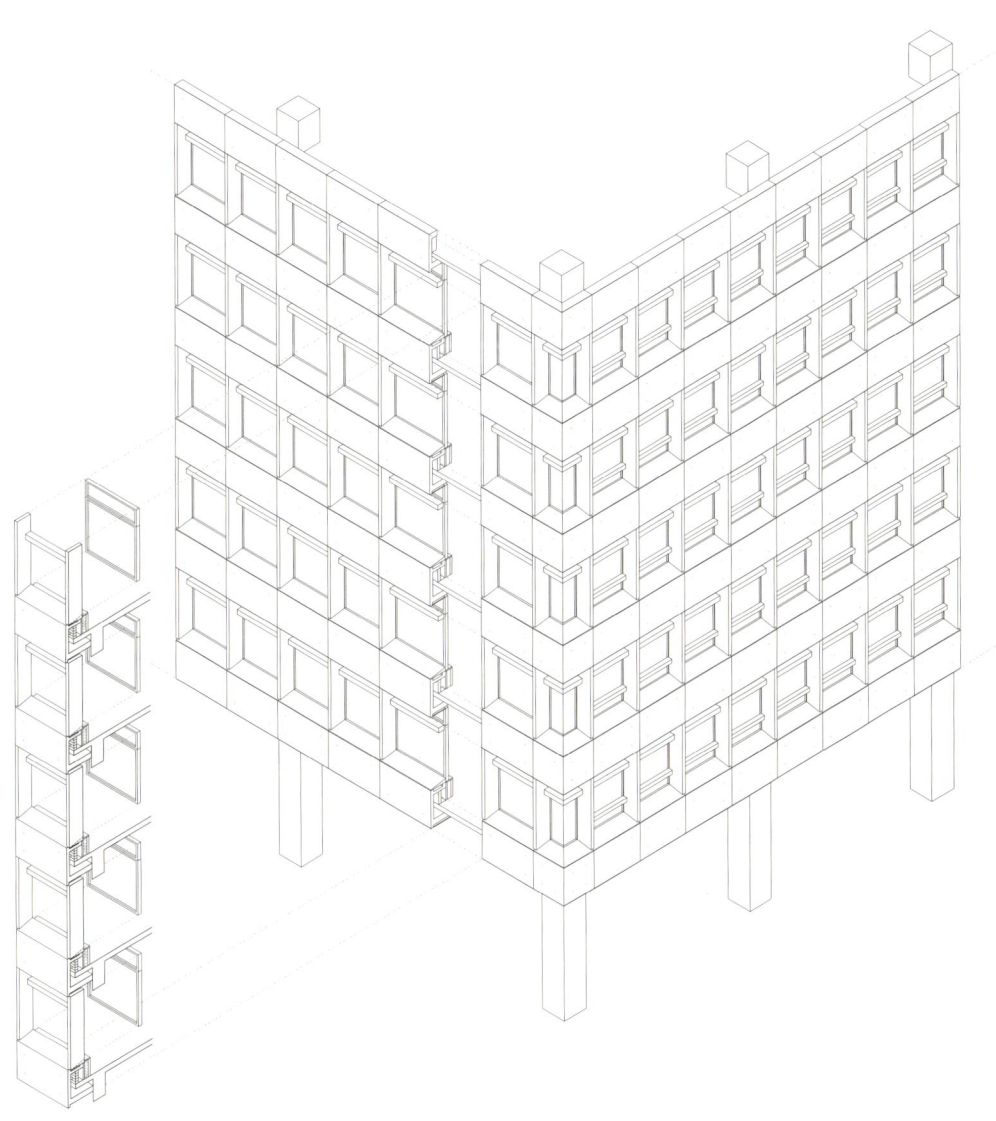

[드로잉: 건축사사무소 더사이]

Landscape   The landscape is everything you can see when you look across an area of land, including hills, rivers, buildings, trees, and plants.

조경   를 아름답게 꾸밈.

페이지 명동 조경계획

서울의 대표적인 상업지구이고 활동 밀도가 높은 명동은 일제강점기에는 '명치정'으로 불렸다가 해방이 되고 '명동'으로 개칭이 되었다. 한국전쟁 이후에는 고층 건물들이 들어서고 양장점, 양화점, 귀금속점, 백화점, 금융기관 등이 밀집되면서 내국인들 명소가 되었고, 2014년 관광특구로 지정되었다. 그 이후로부터 최근까지 일본과 중국 관광객 수가 급격히 늘면서 오히려 내국인보다는 외국인들의 쇼핑 천국으로 모습이 바뀌었다. 하루 100만 명이 넘는 인구가 드나드는 명동은 머물고 싶던 문화 공간이라기보다는 오히려 상업이 중심이 된, 가장 바쁘고 복잡한 동네의 대명사가 됐다.

오늘날 현대인의 삶처럼 디지털화되어 버린 명동은 다양한 것 같지만 복잡하고, 여유로울 것 같지만 무척 바쁘고 정신없는, 그래서 정체성마저 없는 시장통처럼 변해 버렸다. 디지털 문화의 편리함은 사람의 가치와 관계를 통한 친밀함이나 사랑이 충만한 삶보다는 효율성과 독립성만 쫓는 차가운 관계의 삶으로 드러나는 것 같다.

그래서 페이지 명동을 건조하게 사막화되어가는 명동에서의 오아시스 같은 공간으로 조성하고 싶다는 마음으로 바라보게 되었다. 가장 아날로그적인 접근을 통해 촉촉하고 부드러운 그리고 함께하고픈 마음의 동기를 부여하고 싶었다. 아주 오래된 '원시림'의 자연을 통해 과거를 상기하고 과거 명동의 매력적인 문화와 삶을 추구하는 장소를 만들고자 했다.

원시림 실현의 첫 번째 장소는 7층 옥상이었다. 가장 오래된 느낌의 자연은 풀밭이라 할 수 있는 초원이다. 옥상은 바람이 불기에 그 바람에 너울대는 잎들을 상상했다. 각자가 있는 자리에서 이곳 옥상의 넓은 초원을 본다면 당장 달려오고 싶지 않겠는가.

그렇게 달려온 사람들이나 행인들이 페이지 명동을 가장 먼저 마주하는 곳이 1층이다. 이곳에는 로비로 빨리 들어가게 만드는 디지털적 디자인보다는 규모가 작아도 음습한 바닥에 다양한 이끼석과 수공간을 배치해 원시적 숲경관을 만드는 데 집중했다. 이로써 페이지 명동으로 들어가는 발걸음의 속도를 낮추고 천천히 주위를 감상하도록 유도하는 것이다. 로비에도 죽은 고목의 숲을 재현했다. 멀리 뒤로 보이는 창을 통해서 이 시대의 숲을 보고 또 자연 속에 있는 나를 발견하게 함으로써 아날로그 시대의 사고로 돌아가 사람과 관계를 맺고 서로를 배려하고 사랑하며 살아가는 재미를 더하고 싶었다.

그리고 외부에 사용한 수목들은 가급적 다간형(나무 기둥이 여러 가지로 뻗는 형태)으로

골랐다. 특히 옻을 만드는 나무인 윤노리나무를 주 수종으로 사용했다. 나머지 수종들은 음지와 습도에 강하고 계절별 특성이 있는 수종들을 선정하여 식재하였다. 특히 서측과 북측의 녹지대에는 옛날 시골길 포장도로에 주로 식재되었던 미류나무와 참빗살나무, 사람주나무 그리고 하부에는 전통 수종인 상록관목의 섬진달래를 식재하여 도심에서 경험하기 어려운 계절별 식재 경관을 조성했다. 그리고 로비에는 죽은 수목들을 활용해 만든 의자, 조명 갓, 우편함을 배치해 또 다른 재미를 더했다. 누구나 페이지 명동의 마음을 보고 나눌 수 있도록 따듯한 분위기를 표현하는 데 신경 썼다.

3층 테라스에는 저 너머의 명동성당이 더욱더 돋보일 수 있도록 단순하게 정돈하는 식으로 접근했다. 많은 이들이 이곳에서 인증샷을 찍으며 놀다 갈 수 있도록 의자를 놓았고 목재의 부드러움을 그대로 느낄 수 있는 재료로 데크는 삼나무 목재를 선정했다.

페이지 명동의 조경은 뭔가를 드러내려는 디자인이 아니라 겸손하고 배려할 수밖에 없는 자연의 위대함을 말하는 디자인이다. 사람들이 그 자연의 부드러움 안에서 서로를 바라보고 아름다운 관계를 맺도록 단서를 제공하는 역할이다. 더함이 추구하듯이 새로운 명동의 문화를 담는 새로운 장이 되기를 소망하며 디자인했다. 모쪼록 이 공간이 그렇게 따듯하고 사랑스럽고 부드럽고 배려하고 좋아하는 사람들의 관계를 담을 그 날을 기대하고 기다리며 오늘 이 글을 적는다.

[글: 최신현(씨토포스 대표)]

1층 진입부에서 마주할 수 있는 조경 요소들

페이지 명동으로 들어가는 발걸음이 속도를 낮추고 천천히 주위를 감상하도록 길을 만들고 조경을 두었다

다양한 이끼식재와 수공간을 배치해 원시적 숲 정원을 만든 1층 진입부

옥상은 바람이 불기에 바람에 너울대는 식물들을 심었다

Myeongdong It is a downtown area in Jung-gu, Seoul, South Korea. The combined area of Myeongdong 1-ga and Myeongdong 2-ga is 0.91 km². It is an area that includes Myeongdong 1-2-ga, Chungmuro 1-2-ga, and Eulji-ro 1-2-ga.

명동 대한민국 서울특별시 중구에 있는 번화가이자, 지역 이름이다. 명동1가와 명동2가를 합친 면적은 0.91 km²이다. 명동1·2가, 충무로1·2가, 을지로1·2가 등을 포함하는 지역이다.

상업지역이라면 대규모 실내 쇼핑몰부터 만들고 보는 대한민국에서, 명동은 보기 드문 세장형·소규모 필지 중심의 상업가로 지역이다. 지가가 높아짐에 따라 오히려 필지를 분할해 세장한 필지를 만드는 방식이 성행했고 이 때문에 조밀한 다양성을 담는 도시조직으로 진화하게 되었다. 그래서 합필에 의한 대규모 계획처럼 기존 도시조직을 손상하며 진행된 서울 대부분의 진부한 도시 재개발사의 어휘와는 판이한 구조를 띤다. 그래서 귀하다.

명동은 개항 이후 일본인 거류지와 관련된 소비시장으로 성장하다가 점차 금융 및 상업의 중심지가 되면서 국내 주요 근대건축의 집합소가 되었다. 해방 후 6.25전쟁으로 파괴된 지역을 복구하기 위한 토지구획사업을 진행하며 지금과 같은 기본 도시골격이 만들어졌다. 이후 재개발 전성기인 1970~1980대에 상인들을 중심으로 한 명동보전위원회 등이 도시재개발 저지운동을 전개했고 이로써 다행스럽게도 지금과 같은 소필지 형태의 휴먼스케일 상업 가로공간이 보존될 수 있었다. 대부분 잉여자본 재생성을 위한 재개발 사업을 하지만 — 명동 또한 대단히 자본 지향적이긴 해도 — 일반해와는 상반된 방법인 자가 발생적으로 도시조직이 분화·진화된 점, 이러한 원형이 대단히 상업적인 '쇼핑' 지역으로 성장한 점이 눈에 띈다.

이는 자본의 또 다른 작용이다. 때에 따라서는 오히려 대규모 필지가 소규모로 분화되기도 했다. 물론 대로변의 필지와 명동성당 측 삼일대로와 남대문로 지역은 업무시설 군을 이루며 비교적 큰 필지로 존재하지만 중국대사관과 명동성당 사이의 일명 '명동거리' 지역은 세분화된 도시조직을 유지하고 있다. 소규모 고가치 자본이 대규모 재개발을 이긴 형상이다. 이 독특한 자본의 힘은 소규모 집합의 다양함으로부터 형성되는 상업가로 스토어프론트(Storefront)의 분절 및 가로의 연속성을 부여하며 가로의 공공성을 더욱더 강화했다. 다양한 표정이 읽히는 가로는 걷고 싶은 공간이 된다. 이렇듯 즐거운 '걷기'를 유발하는 상업가로는 가로 자체가 장소성을 강화시키며 즐거운 소비를 유발한다. 누군가가 이러한 결과를 예측하고 전체를 미리 계획하지는 않았지만, 도리어 자연발생적으로 생성되고 또한 자연발생적으로 유지, 분화되었다.

이렇게 도시공간적 가치가 높은 명동의 명성이 퇴색되기 시작한 것은 외국인 장사에만 몰두하던 2000년대 초부터다. 외국어 간판이 한국어 간판보다 많이 내걸리고 자영업자의 창의적인 소매업들이 대부분 대기업 화장품, 패션매장 등 브랜드 숍으로 교체되면서 명동 특유의 감성과 개성이 옅어졌다. 사실 어느 유명 관광 도시를 가도 역사적인 공간이 특정 외국 관광객을 타깃으로 한 관광 명소가 되어있기 마련이다. 그럼에도 서울의 근대역사문화 건축물이 산재하고 원도심의 역사성이 높은 장소가

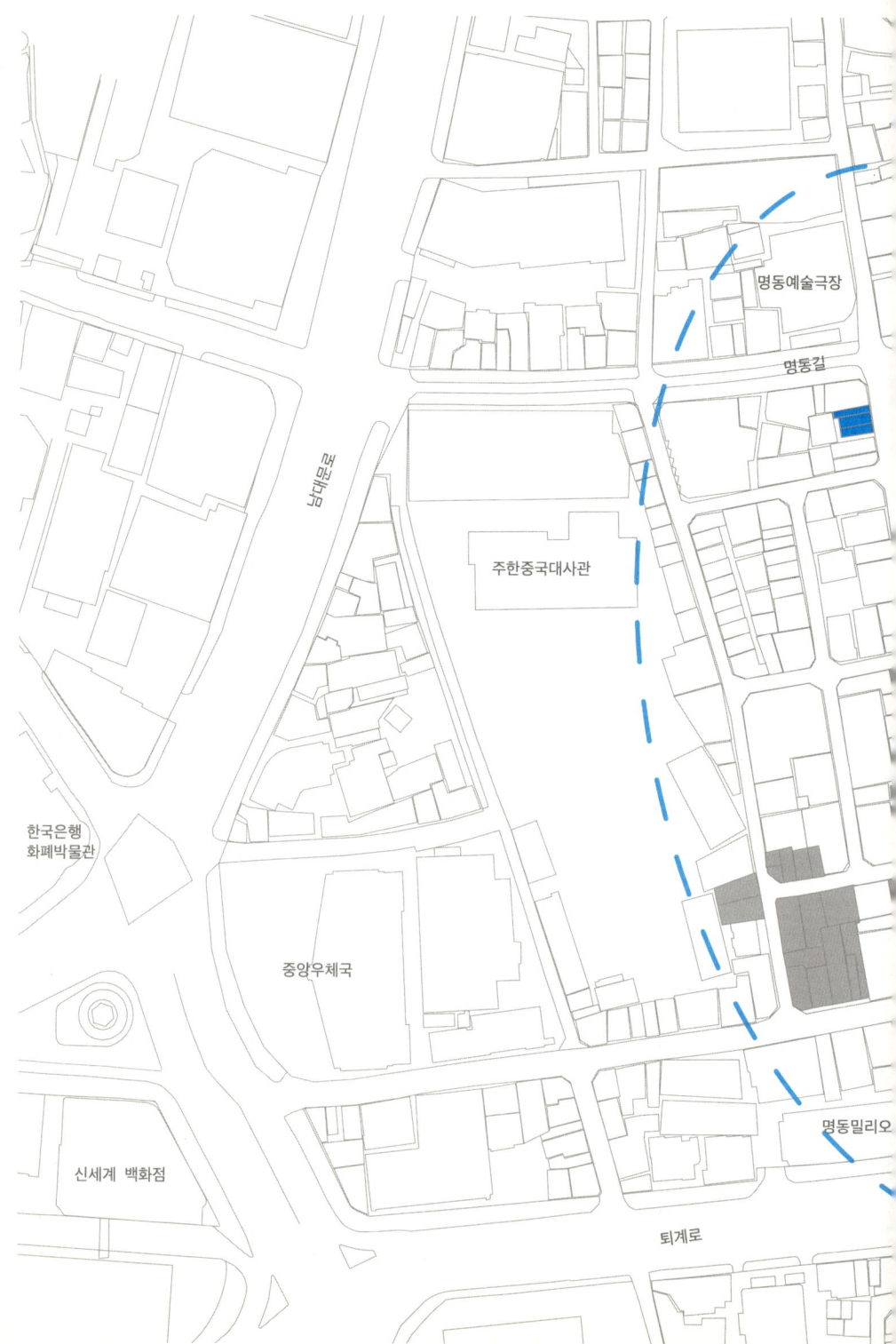

명동 중심 가로는 보행자 우선 거리이거나 차 없는 거리이다

안주인 방보다 손님을 위한 사랑방 노릇을 하니, 어딘가 상실감이 느껴지던 것은 어쩔 수 없었다. 이것 또한 자본에 이끌린 프로그램의 변화라고 할 수 있을까. 다시 한번 지극히 자본에 좌우지되는 지역이라는 것을 증명하는 셈이 되었다.

이렇게 자본에 민감한 명동이 요즘 또 하나의 이면을 증명하고 있다. 2019년 말 시작된 코로나19의 장기화가 도시 소매상권에 전반적인 재앙을 몰고 왔기 때문이다. 수많은 여행객으로 붐비던 거리는 너무나 한산해 현재는 내국인, 지역 주민의 소소한 상업지역이 되어버렸다. 지층에 높은 지대를 내며 활발히 장사하던 1층 상가 대부분은 문을 닫거나 내부 수리 중이다. 유동인구가 많았던 명동의 월 임대료는 3.3㎡당 200~300만 원 선으로 국내 최고 수준이다. 10평 가게가 월마다 감당해야 하는 임대료만 2,000~3,000만 원이라니 수입이 있을 리 만무한 현재와 같은 상황에서는 한 달도 버티기 힘든 수준이다. 명동의 최고 공간 가치인 가로변에는 불 꺼진 상가들과 바닥까지 내려 온 셔터만 보일 뿐이다. 그간 지나치게 외국 관광객에 치중했기 때문에 단순화된 이 지역의 프로그램이 특정 층의 소비 공간에 편중되고 비대해진 값을 지금 치르는 중은 아닐까. 지역에 있어서 도시 기능이 여러 복합적인 프로그램을 담는 생명체가 되지 못하고 단일화되었기 때문에 특정 층의 유입이 단절되었을 때 아무런 기능을 하지 못하는 것이다.

서울의 가장 소비 지향적인, 자본 지향적인 지역인 명동이 소비의 위축 아래 가장 크게 신음하고 있다. 그간 긍정적인 결과든 부정적인 결과든 지나치게 상업주의적으로 판단하던 접근이 도시의 기능을 획일화했고 이것이 오히려 지역의 쇠퇴를 불러일으켰다는 점을 무시할 수 없다. 획일적인 상업 기능과 지나치게 높은 땅값과 임대료는 소규모 사업체의 집합이라는 물리적 다양성을 낳았지만, 그 이후에는 점차적으로 도시 기능을 단순하게 만들어 버렸다.

명동은 대한민국의 주요 근대 역사를 그대로 품고 있는 역사문화 공간이다. 지금은 위기이면서도 어쩌면 상업기능 외의 거점으로 이미 존재하는 문화역사시설과 공공공간의 위상을 강화하고, 주거, 숙박, 기반시설 등 다른 도시지원시설을 수혈할 마지막 기회일지 모른다. 다양한 표정을 간직한 명동의 하드웨어를 중심으로 기존에 이미 풍부하게 소유하고 있는 역사·문화 자산을 활용해 소비도 문화로 승화하여 복합적인 활동이 공존하는 명동을 만드는 것이 중요하다. 그야말로 명동만의 '명동 어바니즘'이 긍정적인 방향으로 진화·분화되어야 하는 시점이다.

[글·사진: 박혜리]

[참고문헌]
국토지리정보원 www.ngii.go.kr
노수미, 오효경, 김기호, '필지의 분합을 통해서 본 명동 도시조직의 변화특성',
『한국도시설계학회 춘계학술발표대회 논문집』 2006년 4월
심경미, 김기호, "명동의 도시조직특성에 관한 연구", 『한국도시설계학회
춘계학술발표대회 논문집』 2001년 11월

코로나19 대확산인의 여파로 1층 상가가 대부분 닫았다

Newspaper   A newspaper is a publication consisting of a number of large sheets of folded paper, on which news, advertisements, and other information is printed.

신문   사회에서 발생한 사건에 대한 사실이나 해설을 널리 신속하게 전달하기 위한 정기 간행물. 일반적으로는 일간으로 사회 전반의 것을 다루는 것을 말하지만, 주간·순간·월간으로 발행하는 것도 있으며, 기관지 전문지 또는 상업지 따위도 있다.

한국YWCA연합회관의 세 가지 장소성

우리가 쇼핑과 데이트를 위해 찾는 명동. 그러한 명동의 한편에 오래된 한국YWCA연합회관이 있다. 한국YWCA연합회관 건물은 단순히 '오래된 건물'이라는 사실을 넘어서 50년 이상 명동거리와 한국 사회의 이정표로서의 장소성을 가지고 있다. '장소성'은 어떤 공간이 장기간 동안 사회와의 상호작용을 통해 획득한 쓰임새와 정체성, 느낌과 이미지들을 포괄하는 말이다. 그래서 장소성을 분석하는 것은 해당 공간의 브랜딩과 마케팅에 있어서뿐만 아니라 특정 공간이 가지고 있는 사회적·역사적 맥락을 이해하는 데 중요하다. 신문에 기록된 한국YWCA연합회관의 모습을 통해 이곳의 장소성을 가늠해보자. 더불어 이웃한 서울YWCA회관의 기록도 이 자리에 더한다.

여성·소비자운동 거점으로서의 한국YWCA연합회관

한국YWCA는 올바르고 검소한 소비문화를 장려하는 한편, 시민들로부터 불량품, 불량식품, 불공정 거래에 대한 신고를 받았다. 또한 다양한 강좌와 강연, 소모임과 행사들을 개최하며 여성의 계몽과 기술교육, 취미와 교양활동 증진을 위해 노력했다. 직업 여성들을 위해 가사도우미 모집과 연결 서비스를 하기도 하였다. 그런가하면 사회적으로도 축첩을 한 적이 있는 정치인 반대 운동과 호주제 폐지운동에도 적극적으로 나서는 등 여성운동을 추진하였다. 이 모든 활동은 한국YWCA연합회관을 중심으로 이루어졌다. 따라서 한국YWCA연합회관은 1970~1980년대 한국의 근대화와 더불어 여성운동과 소비자운동의 거점이라는 장소성을 획득해갔다.

매일경제 1972년 5월 26일 "백화점이 울고 갈 판… 다섯 살 먹은 코끼리 복덕방 번창일로"

서울YWCA회관에서 1968년부터 1970년대에 걸쳐 운영했던 '코끼리 복덕방'은 시민들 사이에서 특히 유명했다. 이것은 일종의 위탁판매소 개념으로, 저렴하고 좋은 상품들과 일반 시민들의 중고물품을 받아 판매하는 플랫폼이었다. '코끼리 복덕방'은 매달 혹은 매주 특정한 날에 개최되었으며, 필요한 물품을 저렴하게 구입할 수 있는 명소로 소문나 큰 인기를 끌었다. '코끼리 복덕방'의 인기는 1975년 말 전국 각지에 비슷한 상설 물물교환센터가 985개소나 설립될 정도로 파급력이 있었다.

결혼식장으로서의 서울YWCA회관

서울YWCA회관은 시민들에게 서울 시내 한복판에 있는 중요한 예식장 중의 하나로 인식되어 왔다. 1960년대 말과 1970년대 신문에서는 서울YWCA회관에서의 결혼식 소식이 넘쳐났다. 당시 회관 강당에서 결혼식을 거행한다는 것은 사회적 신분과 개신교 정체성을 드러내는 중요한 의미를 가지고 있었다.

1960년대 말 서울YWCA회관에는 각지에서 보내온 화환으로 정신이 없었으며, 1970년대 초반 YWCA 예식장은 1년 365일 대부분의 날이 예약되어 있었다. 1972년 당시 YWCA 예식장 대관료는 3만 원이었으며, 근처의 명동성당(1만 5천 원)과 종로예식장(3만 원)과 경쟁관계에 있기도 했다.

한편 서울YWCA는 소비자운동의 가장 큰 주체이기도 했기 때문에 결혼식 소비문화에 대해서도 기준을 마련해야 했다. 따라서 서울YWCA는 1968년 '허례폐지운동'을 전개하면서 결혼식 화환을 구내로 들이지 않겠다는 방침을 밝히기도 했다. 그럼에도 YWCA 예식장은 인기를 이어갔다. 1980년에는 "허례허식 없는 합동결혼식"을 거행하기도 했다.

민주화운동과 YWCA회관

예식장과 강연장이라는 YWCA의 장소성은 1979년 유신정권의 몰락과 함께 민주화운동과 결합되면서 사건화되기도 하였다. 가장 유명한 사례는 1979년 11월 24일에 있었던 YWCA 위장결혼식 사건이다.

이 사건은 10.26 사건으로 박정희 대통령이 사망한 뒤 유신헌법에 따라 간접선거로 새로운 지도자를 선출하려는 움직임에 반발하여, 재야의 민주화 인사들이 서울YWCA회관에서 결혼식을 위장하여 민주주의를 요구하는 성명서를 낭독하고 가두시위를 벌인 사건이다. 정부는 YWCA회관을 급습하여 140여 명을 체포하고 핵심 인사들은 용산구 군사안보지원사령부 서빙고 분실에서 고문을 당했다.

또 하나의 사건은 1980년 김대중 내란음모 사건으로, 계엄사령부에 의해 증거물로 제출된 것 중의 하나가 김대중 당시 국민연합 공동의장이 1980년 3월 26일 서울YWCA 강당에서 행한 "민족혼과 더불어"라는 연설이었다. 유신정권에서 감옥생활을 한 김대중이 복권되고 처음 YWCA회관에서 강연한 것이다. 강연은 우리나라의 민족혼과 전통 속에 민주주의 정신이 살아있다는 내용으로 이루어졌다. 당시 강연장 크기에 비해 너무나 많은 사람들이 몰려 강당 밖과 4층에서 듣는 사람들도 많았다. 그의 영부인인 고 이희호 여사는 YWCA 총무로 적극적으로 활동하기도 했다. 2020년 한국YWCA연합회는 모든 여성운동 자료들을 민주화운동기념사업회에 위탁하였다.

이처럼 YWCA회관은 결혼과 불량식품 신고와 같은 일상생활의 영역에서부터 여성운동과 소비자 운동과 같은 사회적 영역들, 그리고 민주화 운동과 같은 정치적 영역들에 이르기까지 다양한 역할들을 수행하면서 한국 사회의 중요한 장소로 자리매김해왔다.

[글: 전명희(별집공인중개사사무소 대표)]

Page Myeongdong   A space created by remodeling the Korea YWCA office building, the historic site has been newly remodeled and is now operating as a community town where people can stay.

페이지명동   한국YWCA연합회관을 리모델링하여 만든 공간. 역사를 간직한 장소와 공간에 새롭게 태어나 사람들이 함께 머무르고 쉴 수 있는 커뮤니티 타운을 꿈꾼다.

페이지 명동의 출발

더함은 공간과 커뮤니티를 기반으로 다양한 사회적 문제를 해결하고자 하는 미션을 가진 사회혁신 기업이다. 그 미션 아래, 더함은 국내 최초 '아파트형 마을공동체' 위스테이(WESTAY) 사업을 진행하였고, 두 번째 도전이자 실험으로 도심 내 소셜 커뮤니티 타운을 기획했다. 이 두 번째 프로젝트의 브랜드명이 바로 '페이지 명동'이다. 페이지 명동의 발상은 커뮤니티하우스 마실(이하 마실)에서 시작되었다고 볼 수 있다. 마실은 위스테이 입주자 모집과 모임, 시민들의 커뮤니티 활동 지원을 위해 모델하우스의 용도와 가치를 확장한 이색적인 시도였다. 입주자들과 시민들의 접근성을 높이기 위해 한국YWCA연합회후원회가 소유한 명동의 주차장 부지를 빌려 건물을 세웠는데, 효과와 반응은 기대 이상이었다. 명동 도심 내에 이런 건물이 늘어난다면 더 큰 임팩트를 낼 수 있겠다는 가능성을 보았고, 이는 페이지 명동의 기획으로 이어졌다.

2019년 10월 17일, 더함의 이러한 기획 의도에 공감해 주신 한국YWCA연합회 후원회와 한국YWCA연합회관에 대한 마스터리스 계약을 체결하였다. 1967년 준공 이후 노후화되고 있던 건물을 리모델링하고, 마실 부지와 건물을 20년간 장기 임대하여 '사회적 가치와 목표에 지향점을 두는 소셜 커뮤니티 공간'으로 운영한다는 내용의 계약이었다.

'한국Y프로젝트'라는 이름으로 시작한 이 프로젝트의 초기 콘셉트 기획과 계획설계 단계에서, 명동이라는 지역을 비로소 깊이 있게 들여다보게 되었다. 이를 통해 명동의 역사성과 단절된 현재의 명동에 대해 깊은 아쉬움을 느꼈고, 과거의 명동과 현재의 명동을 다시 연결하고 다양한 사회적 변화를 추동하는 중심지로 변화하길 바라게 되었다.

먼저 소비 중심적이고 속도 지향적인 도시의 성격을 바꿀 필요가 있었다. 이를 반영한 초기 공간의 콘셉트는 프롬나드(PROMENADE) '산책감각'으로, 주변을 돌아보고 느리게 걷고 사유할 수 있는 공간이 되게 하자는 바람을 담아 완성했다. 그리고 이러한 콘셉트를 공간 설계에 녹여내 이익을 최대화하는 공간 구성이 아니라, '누구나 환대하는 공간, 사람과 사람, 사람과 자연이 연결되는 공간'으로 만들고자 했다.

브랜드 이름의 뜻, 철학

우리는 공간의 역사적인 가치들을 담고 싶었다. 한국YWCA연합회관은 조선시대 문인 윤선도의 집터, 일제강점기 이회영 선생의 생가터이자 YWCA 위장결혼식 사건으로 서울미래유산에 등재되기도 한, 말 그대로 다양한 역사가 겹겹이 쌓여 있는 공간이다. 그래서 이 공간이 가지고 있는 다양한 역사적 의미와 이야기를 어떻게 담아내야 할지, 그리고 앞으로 우리가 새롭게 보여주고 싶은 메시지를 어떻게 전달해야 할지가 가장 큰 화두였다.

여러 번의 사내 워크숍을 통해 의견을 모은 결과, 이 공간을 통해 추구해야 할 가장 기본적인 요소는 '바쁜 도심 속 힐링할 수 있는 배려와 환대의 공간'이었다. 그리고 이 공간의 차별 요소는 '역사와 문화를 담은 공간', 그리고 이 공간의 핵심 가치는 더함의 미션과 부합하여 '사회 변화와 혁신의 메시지가 있는 공간'으로 하자는 데에 의견이 모였다. 이를 기반으로 브랜드가 가지는 핵심 정의를 '지역의 소셜 거점으로 기업, 활동가, 가치지향적인 소비자의 비즈니스 선순환 생태계를 조성하고 다양한 소셜 실험과 도전을 통해 시대적으로 의미 있는 변화를 이끌어내는 플랫폼이자 평범한 일상을 사는 사람들에게 작은 변화를 제안할 수 있는 촉매 역할을 하는 공간'으로 정했다. 결국 새로운 방식으로 '채우고' '변화'하고자 하는 표현이 가장 중요했다. 또한 다양한 커뮤니티들이 함께 만들어 갈 공간이기에 우리만의 색깔을 보여주는 이름보다는 좀 더 다양한 의미를 포용할 수 있기를 바랐다. 그리고 발견한 단어가 '페이지(PAGE)'였다.

'페이지'는 모든 것을 담을 만한 단어였다. 가장 일반적으로는 종이의 앞뒤 면을 가리키는 '장'을 의미하지만, 역사적으로 중요한 사건, 시대를 의미하기도 한다. 타동사로는 사람을 찾거나 말을 전하는 안내방송, 연락, 호출의 의미도 있다. 또한 숙어로 'on the same page'라고 하면 여러 사람이 같은 마음을 가진다는 뜻이었고, 'turn the page'에는 고비를 넘기고 새로운 장을 넘긴다는 의미였다.

— Turn the page, 그 시대, 그 지역 속에서 새로운 장(page)을 여는 공간
— Fill the page, 다양한 사람들이 모여 커뮤니티를 만들고,
  새로운 담론과 가치로 채워 나가는 공간
— 지역에 새로운 변화를 이끌어내는 빈 공간
— 이용자가 채우고 만들어 나가는 가능성의 공간

이처럼 이름 자체에 수많은 가능성을 내포하는 페이지 명동(PAGE MYEONGDONG)을 이 공간의 브랜드명으로 정하게 됐다.

ANALOGUE CONNECTION
PAGE. MYEONG DONG

브랜드 로고

로고의 경우 조금 더 다양한 사람들의 의견을 모아 결정하기 위해 공모전 방식으로 아이디어를 모았다. 총 157점이 출품됐고, 우리가 생각하는 공간 의미를 가장 잘 표현해낸 디자인을 선정했다. 선정된 안은 알파벳 하나하나에 열린 공간을 두어 '누구나 방문할 수 있는 공간'의 특성을 담고 있고, 하나의 페이지에서 파생되는 다양한 모양들, 접히거나 쌓이는 모습들을 형상화하고 있다.

더함은 페이지 명동을 통해 명동의 역사성을 회복하고 도시에 마을을 세우는 실험을 이제 막 시작했다. 말 그대로 이 공간을 채우는 사람들에 의해 새로운 이야기들이 쓰이기를 바란다. 그리고 개개인과 우리, 사회에 새로운 페이지들이 열리기를 기대한다. 페이지 명동에 찾아 올 더 많은 분들을 기다리고 있겠다.

[글: 방은영(前 더함 공간콘텐츠실 실장)]

Promenade A promenade is an area that is used for walking, for example a wide road or a deck on a ship.

프롬나드 (보통 해변가로 넓게 나 있는) 산책로

산책감각

페이지 명동은 건축가 차경순이 설계한 건물로, 1968년 9월 한국YWCA연합회 회관으로 준공되어 50년이 넘는 시간동안 큰 원형의 훼손 없이 사용되어 왔다. 또한 건물과 장소가 갖고 있는 역사적 의미 때문에 서울시 미래유산에 등록되어 있다. 이런 상황에서 사회혁신기업 더함이 이 건물을 한국YWCA로부터 마스터리스한다. 더함은 이 공간의 역사적·사회적 의미의 계승과 공간 운영을 통해 경제적 가치 창출이라는 두 가지 과제를 갖고, 사이트앤페이지와 함께 공간기획을 수립하기 시작했다.

역사적 건물을 보존하고 리모델링하기 위해선 우선 이 건물의 원형을 파악하고, 양식적으로 보존해야 할 부분과 변경이 가능한 부분 등 건축적 개입의 척도를 마련하는 것이 우선이었다. 여러 자료를 통해 건물의 원형과 변화를 파악하고, 논의를 거듭하며 보전에 합의한 부분은 건물 몸체의 질서를 이루고 있는 본관의 격자 루버 패턴과 질서였다. 상대적으로 저층부에 위치해 거리로 돌출된 별관의 경우 여러 용도와 임차인을 겪으면서 크게 변한 상황이라 원형 복원보다는 현재 명동의 거리 문맥과 사용상의 요구에 부합하는 형태로 적극적으로 바꿔가기로 했다.

또한 건물 동쪽에 위치한 명동문화공원의 추후 확장 가능성을 읽고 동쪽 지하 1층에서 건물을 관통해 후면의 커뮤니티하우스 마실 주차장과 연결되는 내부 동선 체계를 만들었다. 이로서 명동문화공원과 커뮤니티하우스 마실의 변화에 페이지 명동이 유연하게 대응하고 새로운 도시적 구조를 만들 수 있는 기반을 확보했다.

3층은 '산책갈자'이라는 콘셉트에서 가장 중요한 공간으로, 바로 올라올 수 있는 외부계단을 만들고 버려졌던 공간을 개방형 광장처럼 조성했다

산책을 하듯 굽어 들어갈 수 있는 건물 1층 진입부 길의 모습

이런 상황에서 이 건물의 콘셉트로 잡았던 것이 바로 '산책감각'이다. 엄청난 방문객과 유동인구를 자랑하지만 실제 소비와 상업주의에 점령된 명동에서 물질과 소비를 떠나 그냥 도심을 산책하는 것 자체가 어려운 상황이다. 이런 측면에서 작은 건물이지만 명동성당과 마주한다는 입지를 활용해 새로운 산책적 경로를 건물 내외부로 연결하는 구조로 계획했다. 이를 위해 거리에서 별관 3층 루프탑으로 바로 진입할 수 있는 옥외계단을 제안했고, 3층이 이 건물에서 가장 중요한 세미 퍼블릭의 성격으로 사람들에게 제공되고 점유되길 의도하였다. 이를 감안하여 앞서 버려져 있던 별관 3층 옥상을 개방형 광장처럼 조성하고, 3층에는 이런 의도에 부합하는 프로그램과 공간구조를 제안했다. 또한 커뮤니티하우스 마실과 이 3층에서 연결된 브릿지를 계획했지만 이는 마실의 향후 운영계획에 따라 많은 변수가 있어 실현되진 않았다.

페이지 명동이 산책감각을 내세운 또 다른 인문적 배경은 발터 벤야민이 근대적 지식인의 상징으로 제시한 산책자의 개념에 기대고 있다. 이 공간을 운영하는 더함은 이곳을 시민사회의 역량과 에너지를 바탕으로 새로운 사회적 혁신가들이 모이는 플랫폼이 되기를 기대하고 있다. 가장 자본주의적인 도시의 심장부에서 지금의 문화와 사회를 비판적으로 성찰할 수 있는 새로운 산책자들이 이곳에 모이고, 영역과 공간을 가로지르며 사유할 수 있는 공간. 이것이 페이지 명동의 산책감각이다. 하지만 코로나19라는 복병이 명동 지역과 우리의 일상의 공간문화에 큰 균열과 지각변동을 일으키는 상황이고, 페이지 명동 또한 처음 구상했던 부분들에 실행단계에서 어려움에 직면했다. 하지만 이런 공간적 노력과 구상이 결국은 명동에 새로운 문화를 만들어갈 출발점이라는 것을 믿는다.

[글: 박성진]

Remodeling   The act of changing or altering the structure, or form of something.

리모델링   기존의 건축물이나 구조 따위를 목적이나 용도에 맞게 고쳐 새것처럼 바꾸는 일.

한국YWCA연합회관은 한국 여성운동사와 민주화의 상징적 장소로 서울시 미래유산 정치역사분과에 등재되어 있다. 건축가 차경순이 설계한 이 건물에는 1967년 준공(1969년 2개 층 수직 증축) 당시 지하에 200여 명을 수용할 수 있는 대식당과 주방, 매점, 다방이 있었고, 1층에는 로비와 집회 장소, 서비스 공간이 있었다. 3층 이상은 한국YWCA연합회 및 임대 사무실로 사용되었는데 추후 지상 12층까지 증축(8층 이상은 아파트)할 계획이 있었다. 1976년 지하층 용도 변경 이후 지하층과 지상 1층은 상업시설로 3층 이상은 소규모 업무시설로 임대되면서 역사성과 상징성이 퇴색되었다.

2020년부터 이 장소를 장기 임대한 더함은 경제적 지속 가능성을 확보하면서도 사회적 역할을 회복하는 것을 전제로 사이트앤페이지와 건축사사무소 더사이에 공간 기획과 설계를 의뢰하였다. 저층부는 상업과 복합문화공간 성격의 F&B 라운지로 프로그래밍한 후, 이웃한 커뮤니티하우스 마실과의 공간적 연계, 출입구와 외부 계단의 추가를 통해 가로에서의 접근성을 강화하는 식으로 완성됐다. 상부는 사회적 혁신가들이 모이는 비즈니스 커뮤니티 타운 성격의 업무공간, 옥상과 연계한 7, 8층 야외 루프탑을 통해 공공성을 회복하도록 하였다. 명동성당과 남산으로의 조망을 고려하되 입면의 건축적 원형을 유지함으로써 안에서 밖을 볼 수 있는 건물이 되도록 하였다. 평면계획에서는 중앙부에 있는 코어의 중심성을 강화하고 어메니티를 위한 설비의 현대화, 장애인의 접근성과 경관 조명을 추가하였다.

개인적으로는 이 작업을 계기로 의미와 가치를 간직한 오래된 건물을 발굴하고, 이를 필요로 하는 새로운 사용자들에게 중개하는 '초현실부동산'을 설립했다. 앞으로 새로운 일을 계속 만들어 갈 것이다.

[글: 이진오]

리모델링으로 변화된 별관 동측 외부계단의 전후 모습
사진제공 더함

고유한 건축적 특징과 가치는 유지하면서도 동시대에 걸맞는 새로운 효용성을 갖게 된 페이지 명동의 외관

저층부는 상업과 복합문화공간 성격이 F&B 라운지로 프로그래밍한 후 출입구와 외부 계단의 추가를 통해 가로에서의 접근성을 강화했다

별관 3층 투표탑과 연결되는 본관 3층의 내부 모습

Rooftop   A rooftop is the outside part of the roof of a building.

루프탑   옥상을 일상적으로 이르는 말.

루프탑은 왠지 낭만적이다. 해가 뜨면 뜨는 대로, 해가 지면 지는 대로, 비가 오면 오는 대로 각종 이유를 불문하고 낭만인 분위기를 떠올리게 한다. 우리가 흔히 생활하는 공간의 시야를 벗어나, 높은 곳에서 야외를 누린다는 것은 나름의 이색적인 경험일 것이다.

오랫동안 닫혀 있던 공간의 봉인해제

요란함만 있을 것 같은 명동에도 루프탑의 낭만을 누릴 수 있는 곳이 있다. 명동성당을 가장 가까이서 볼 수 있는 곳, 페이지 명동의 루프탑이다. 한국YWCA연합회관을 리모델링하여 새롭게 태어난 페이지 명동은 명동성당 바로 앞에 있어 그 어떤 곳보다도 이색적인 전망을 선사한다. 보안상 옥상을 개방하기 어려운 금융업무지구 한가운데서, 유일하게 명동성당과 남산을 정면으로 바라볼 수 있는 공간인 것이다.

페이지 명동에는 루프탑이 두 개나 있다. 보통 루프탑이라고 하면 건물의 맨 꼭대기에 있는 한 공간일 텐데, 두 개라니 아이러니하다. 리모델링 이전에는 '별관'이라고 불렸던 곳의 3층 루프탑('테라스'라고도 불리는 공간)과 '본관'이라고 불렸던 곳의 7층 루프탑이다. 이 두 루프탑은 각자의 개성과 매력을 뽐낸다.

강렬했던, 루프탑과의 첫 만남

주 출입구 옆 옥외 계단을 따라 올라가면 3층 루프탑을 바로 만날 수 있다. 실외기를 보관하던, 진초록의 평범한 루프탑은 명동성당을 올려다보지도, 내려다보지도 않고 동등한 위치에서 바라보는 유일한 공간이었다. 하늘을 올려다보면 하늘이 가깝고, 땅을 내려다보면 땅이 가까운 그런 매력이 있다.

3층을 거쳐 페이지 명동 7층에 도착하면 명동성당과 남산이 보이는 탁 트인 전망과 독특한 패턴의 옥탑을 만날 수 있다. 루프탑은 기존에 외부인에게 공개하지 않았던 공간이고, 옥탑 역시 물탱크를 보관하던 숨겨진 공간이었다. 3층 루프탑이 명동과 나란히 서 있는 듯한 느낌이라면, 7층은 명동을 품에 안은 듯한 느낌을 준다. 처음 이 공간을 발견했을 때가 떠오른다. '명동에서도 이런 뷰를 볼 수 있구나' 하며 감탄했고, 7, 8층 옥탑을 만났을 때 '명동에서도 힙지로 감성을 느낄 수 있구나' 하며 감동했다.

이 아름다운 전망과 독특한 분위기를 함께 향유하지 못한다는 것은 안타까운 일이 아닐 수 없었다. 유동인구도 많고 복잡한 명동이지만 사람들이 이곳에서만큼은 여유를 누리기를 바랐고, 빠르게 흘러가는 일상 속에서 잠시나마 느리게 흘러가는 시간을 만끽하길 바랐다. 더함은 이 공간에서 더 많은 사람들이 자유롭게 쉴 수 있도록, 열린 공간으로 남겨두기로 했다.

사진제공 더함

3층 루프탑의 리모델링 전후 모습

7층 루프탑에 데크를 마련해 공간 활용도를 한층 높였다

다시 태어난 것 같아요

이 좋은 전망을 사람들과 공유하기로 마음은 먹었는데, 어떻게 공유할지가 문제였다. 루프탑 카페로 만들까, 옥탑은 펜트하우스처럼 개인이 오롯이 누릴 수 있는 숙박시설로 만들까, 촬영할 수 있는 스튜디오로 만들까. 마치 무엇을 담느냐에 따라 쓰임과 목적이 무궁무진해지는 마법 그릇을 발견한 듯, 이것저것 담아보며 가장 좋은 것을 찾고자 했다. 많은 고민과 논의 끝에 3층과 7층 루프탑은 사람들이 자유롭게 오가도록 개방했고, 옥탑은 루프탑과 연계하여 다양하게 활용할 수 있는 대관 공간으로 만들었다. 7층은 새로운 이름도 갖게 되었다. 하늘과 가까운 곳에 물탱크가 있던 공간이라는 뜻으로 '우물 정'자를 사용하여 공중정원(空中井園)이라는 이름을 붙였다.

한국YWCA연합회관 당시 옥상의 모습
사진제공 더행

물탱크와 실외기를 담던 공간에서, 이야기를 담는 공간으로

새로운 목적을 갖게 된 이 공간에 가장 처음으로 무엇을 담으면 좋을지 행복한 고민이 시작되었다. 우리는 이 공간이 어떠한 이야기를 하는 공간이기를 바랐고, 방문하는 사람들이 단순한 하드웨어가 아닌 하드웨어 속 기나긴 여정을 느낄 수 있기를 바랐다. 그래서 우리는 공간이 가지고 있는 역사성과 수많은 이야기들을 담아내는 전시를 진행했다. 과거, 현재, 미래 테마로 나눠 처음 세워졌을 당시의 모습과 리모델링 전의 모습, 그리고 공사 과정과 공사 이후의 모습을 사진으로 보여주었다.

또한 리모델링 과정에서 버려진 가구들(실제 건물 내에 있던 것들이다)을 한자리에 모아 보여주었고, 현재와 미래에 대해서 기록해볼 수 있는 구역을 만들어 사람들과 공유했다. 명동에 대한 기억과 추억을 가진 사람들에게는 뭉클함을, 관광지로서의 명동만 알던 이에게는 새로운 명동을 발견하는 재미를 준 것이다.

3층 루프탑은 7층보다는 조금 더 가볍고 참신한 콘텐츠로 채웠다. 페이지 명동의 프리 오픈 행사였던 '페이지 공백기'에 맞춰 큼직한 사이니지와 나무 벤치를 두어 명동의 특별한 포토존을 만들었다. 뿐만 아니라 코로나19로 설 자리를 잃은 아티스트들에게는 듬직한 무대를 내어주었다. 그간 명동에 내국인의 발걸음이 얼마나 뜸했었나. 최근에는 코로나19로 인해 외국인 관광객마저 없어 가로가 텅 비어 버렸지만 그 빈공간을 내국인으로 채우는 시도를 해본 것이다. 현재 3층 공간에는 에스프레소 바 '몰또'가 오픈하여 많은 방문객들의 사랑을 받고 있다.

페이지 명동의 루프탑은 또 어떤 낭만으로 채워질까? 별다른 쓰임새 없이 50여 년을 지냈던 이 공간은 앞으로 많은 사람의 발자취와 이야기를 담아낼 것이다. 때로는 공연장으로, 때로는 웨딩홀로, 때로는 피크닉 장소로, 때로는 촬영장으로. 사람들을 맞이한다는 큰 목적 아래, 때에 따라 그 모양을 바꿔가며 수많은 낭만으로 채워질 페이지 명동 루프탑을 기대해 주시라.

[글: 김효진(더함 공간콘텐츠실 팀장), 정한별(前 더함 공간콘텐츠실 매니저)]

Site & Page   Site & Page, in charge of the space planning of Page Myeongdong, aims for 'romantic rationalism' and plans architecture and space, and produces conte...

사이트앤페이지   ...명동 공간기획을 맡은 사이트앤페이지는 '낭만...'를 지향하며 건축과 공간을 기획하고, 콘텐츠를 ...다.

페이지 명동의 공간기획을 맡은 사이트앤페이지는 '낭만적 합리주의'를 지향하며 건축과 공간을 기획하고, 콘텐츠를 생산한다. 의미 있는 현재를 기록-정리-비평하여 책을 만들며, 텅 빈 대지와 페이지의 가능성을 현실의 실체로 기획해 간다. 대표 박성진은 현재 초현실부동산 대표를 겸하고 있으며, 한국예술종합학교와 스페인 마드리드공과대학교에서 건축이론역사를 공부했다. 앞서 월간 「SPACE(공간)」의 편집장을 역임하면서 오늘날 건축에 대한 총체적 시각과 경험, 네트워크를 다졌다. 서울시 미래유산보존위원회 도시관리분과 위원장, 서울디자인컨설턴트, 공공디자인으로 행복한 공간 만들기 총감독을 역임했고, 서울대학교와 홍익대학교 등의 강사였다. 저서로 『모든 장소의 기억』, 『모던스케이프』, 『궁궐의 눈물, 백 년의 침묵』, 『언젠가 한 번쯤 스페인』, 『문화를 짓다』, 『하이퍼폴리스』, 『집 더하기 삶』 등이 있다. 세상과 소통하는 실천적 도구로서 건축을 애지중지 품에 안고 산다.

The SAAI   The SAAI architects office is an architectural group based on an open attitude in the work process and the universality of architecture.

더사이   페이지 명동의 리모델링 설계자인 건축가 이진오가 운영하는 건축사사무소. 작업 과정에서 열린 태도로 건축의 보편성을 고민하며 활동하는 건축 집단이다.

페이지 명동의 리모델링 설계자인 건축가 이진오가 2021년 새롭게 문을 연 건축사사무소 더사이(The SAAI)는 작업 과정에서 열린 태도로 건축의 보편성을 고민하며 활동하는 건축집단이다. 이진오는 홍익대학교 건축학과, 한국예술종합학교 건축과 석사를 졸업했다. 홍익대학교와 위가건축에서는 건축의 가치와 기본기를, D.P.J & Partners와 한국예술종합학교에서는 열정과 사고방식을 배웠다. 앞서 (주)건축사사무소 SAAI의 공동대표로, 2018년까지 (주)공무점, 어쩌다(주)의 이사로 어쩌다가게 등을 기획, 운영했고, 현재도 어쩌다집이라는 공유주거에서 다양한 사람들과 모여 살며 공간과 문화를 나누고 있다. 2009년 한국건축가협회상, 2012년 서울시건축상 등을 수상했으며, 현재 연세대학교 건축학과 겸임교수, 서울시 건축정책위원, 새건축사협의회 부회장으로 활동 중이다.

Typography The design, or selection, of letterforms to be organized into words and sentences to be disposed in blocks of type as printing upon a page.

타이포그래피 활자를 사용한 디자인 또는 조판 중심의 기술과 미학, 좁은 글자꼴의 디자인, 레터링, 판짜기 방법, 편집 디자인, 가독성 등을 모두 포괄하는 총체적인 조형적 활동.

글자는 익숙하고 일상적인 대상이다. 우리 곁에서 공기처럼 존재해왔던 다양함들은 흰 바탕에 검은 활자에 불과하지만, 한국YWCA연합회관에서부터 현재의 페이지 명동으로 걸어온 역사가 묻어있는 작은 공간이기도 하다.

「한국YWCA」 잡지 제호

1966년에 발간한 「한국YWCA」 잡지의 창간호에 사용된 제호이다. 손으로 그린 제호에는 국문과 영문을 함께 사용해야하는 점 때문에 생긴 독특한 시각 이미지가 있다. 우선, 국문은 궁서체로 창간호에서 전달하고자 하는 진지한 인상을 담았다. 궁서체의 특징 중 하나는 좌우 균형이 비대칭인 점인데, 이 부분에서 조화를 위해서 영문은 대문자 대신 소문자의 형태로 그린 부분이 엿보인다. 그 중에서도 A는 대문자의 형태를 유지하되 균형감을 한 쪽으로 몰아 대칭의 형태를 가진 대문자 A로부터 비대칭의 인상을 담았다. 시각적 인상을 고려하여 다양한 규칙을 가지고 그려낸 결과물이 재미있다.

「한국YWCA」 잡지 표지
자료출처 국립한글박물관

한국YWCA 창립 50주년 기념화보

한국YWCA의 창립 50주년을 기념하는 화보의 표지에 들어간 타이포그래피 중 일부이다. 작은 YWCA를 반복해 정렬했고, 크기는 점진적으로 커진다. 시각적인 볼륨이 커지는 모습이 음악적인 인상도 불러일으킨다. 그 중 점점 세게라는 뜻의 음악 용어인 크레센도(crescendo)가 떠오른다. 50년 동안의 성장을 직관적인 타이포그래피로 담아냈다. 또 재미있는 점은 YWCA 단어가 25개라는 것인데, 50년을 해거름하여 숫자로 기념의 의미를 맞추어낸 것이 숨은 포인트가 아닐까.

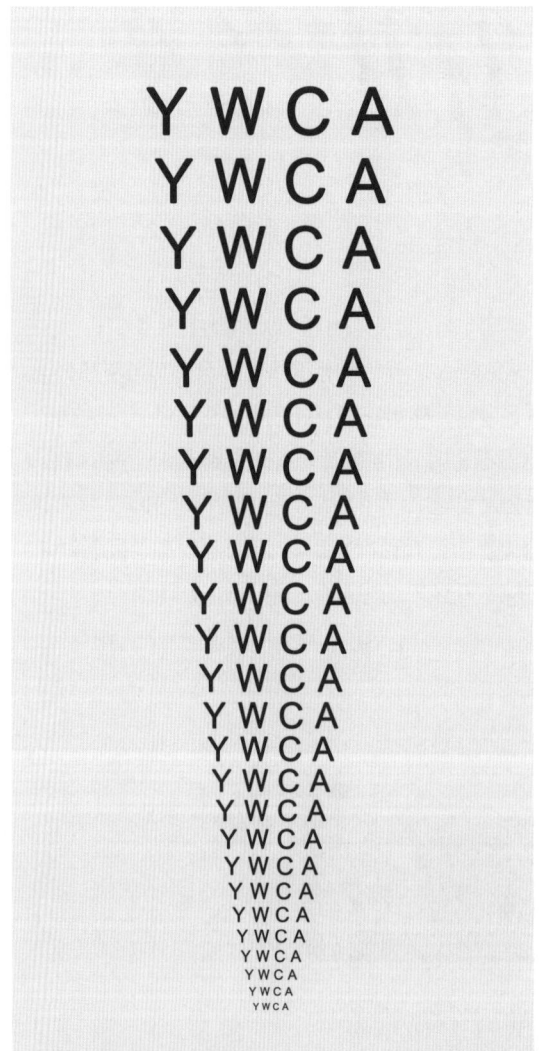

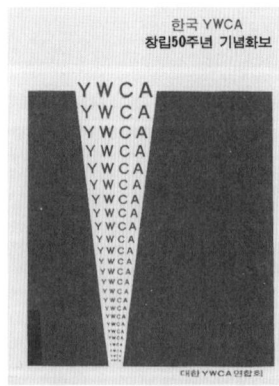

한국YWCA 창립 60주년 기념우표

엠블럼은 국가나 단체 또는 기업 따위의 상징으로 쓰이는 문장(紋章)을 이른다. 한국YWCA 창립 60주년 기념우표에 쓰인 엠블럼에는 굵은 라인의 역삼각형의 중앙부에 자간이 넓게 쓰인 YWCA 글자의 균형감이 돋보인다. 아래 꼭지점으로 수렴하며 좁아지는 형태 속의 글자는 자간(글자와 글자 사이의 간격)을 폭 넓게 사용하여 오히려 확장하듯 타이포그래피가 펼쳐지는 모습이다. 또한 글자의 장평(글자 한 자의 좌우 폭)을 넓게 사용하여 좁은 박스 안에서도 담대한 존재감을 드러낸다.

한국YWCA 창립 60주년 기념우표발행 안내카드
자료출처 대한민국역사박물관

하나 더 인상적인 지점은 형태적인 대비이다. 표지에 넓게 사용된 장미의 유선형 그래픽과 엠블럼의 직선적 기하 형태가 대비를 이룬다. 부드러움과 강인한 이미지를 동시에 선명하게 발신하는 구성이다.

페이지 명동 로고의 A는 삼각형처럼 생겼다. 건축물의 뼈대가 되는 철골(빔)의 모양은 삼각꼴을 이루는 것이 많은데, 이유는 삼각형이 뛰어난 안정성을 가진 구조이기 때문이다. 변화의 중심에서도 안정적으로 자리를 지켜온 한 건축물이 담아낸 역사를 돌아보며, 이곳에서 계속해서 펼쳐질 새로운 이야기를 기대한다.

[글·제호 벡터화 및 보정: 방정인]

View The view from a window or high place is everything which can be seen from that place, especially when it is considered to be beautiful.

전망 넓은 곳을 멀리 바라봄. 또는 멀리 내다보이는

V

Woman　A woman is an adult female human being.

여성　사(性)의 측면에서 여자를 이르는 말. 특히, 성(成年)이 된 를 이른다.

여성의 시선으로 기록한 명동

'명동' 하면 떠오르는 이미지를 말해보자. 전국 최고 공시지가, 전국 최고의 상권, 최대 외국인 여행객 방문지, 최고 보행 밀집 지역, 끝없이 이어지는 로드숍과 플래그십 스토어, 그리고 온갖 먹거리가 줄지어 있는 노점상까지. 최신의 트렌드가 모이는 지역이자 24시간 쉬지 않고 바삐 돌아갈 것 같은 도심의 판타지아. 도대체 이러한 명동의 이미지는 언제 생겨난 걸까.

『명동 아가씨』는 바로 그 명동의 이미지가 탄생한 시기인 1950년대와 1960년대의 기록을 들춘다. 더 정확하게는 오늘날의 명동을 만든 주체로서 당시 여성들의 목소리를 꺼낸다. 남성 중심 시각에서 분석하거나 건축적이나 도시적 맥락에서 접근하지 않고, 땅에 두 발을 딛고 살아가는 여성들의 시선과 활동으로 명동을 설명한다.

덕분에 더욱더 실증적이고 신랄한 이야기가 맛을 더한다. 특히 일제강점기나 1970년대 이후 민주화, 산업화에 대한 연구에 비해 상대적으로 소홀히 취급받은 한국전쟁 직후의 대한민국 모습을 그렸다는 점을 주목할 만하다. 「여원」을 비롯한 여성지와 각종 일간지 자료들과 더불어 당대를 경험한 '명동 사람들'의 생생한 구술 인터뷰까지 어우러져 근현대 여성의 공간, 명동을 조명한다.

제목: 명동 아가씨
지은이: 김미선
면수: 224면
가격: 13,000원
출판사: 마음산책
발행일: 2012. 8. 15

책에서 다루는 명동의 범위는 을지로입구역부터 충무로 1가와 2가를 아우르는 명동역까지로 식민지 시기에는 명치정과 본정으로 불리던 지역이다. 조선 시대까지만 해도 가난한 양반이 모여 살던 동네일뿐이었으나 일제강점기 때 일본인의 행정적, 상업적 행위의 중심지가 되며 경성의 중심지로 발돋움했다. 당시 미츠코시 백화점, 조지야 백화점, 미나카이 백화점, 히로다 백화점 등이 들어섰는데, 그 모습이 오늘날 신세계백화점과 롯데백화점으로 이어졌다고 할 수 있다. 더불어 양장점과 미용실 등의 상점도 속속 명동에 들어서며 소비문화의 중심지로 명동의 이미지가 형성됐다. 그러니 그 서비스의 주요 소비자이자 생산자인 여성을 제외하고는 명동을 제대로 이해할 수 없다. 이뿐만 아니라 한국YWCA연합회관과 가톨릭여성회관 등과 같이 여성 권익 향상을 위한 단체가 위치했기에 이를 기반으로 여성들 사이에서 다양한 네트워크가 형성될 수도 있었다.

소비 공간이자 문화 공간, 그리고 생활공간으로서의 명동, 이곳을 뿌리를 제대로 읽고 싶다면, 『명동 아가씨』를 함께 만나보자.

[정리: 윤슬희 | 사진제공: 마음산책]

YWCA The YWCA is a place where women can stay cheaply, which is run by the YWCA organization. YWCA is an abbreviation for Young Women's Christian Association.

와이더블유씨에이 기독교에 바탕을 둔 국제적인 여성 운동. 1855년에 영국에서 창립되어 이후 전 세계로 퍼졌으며, 여성의 인격과 지식을 높이고 사회 사업에 이바지하는 것을 목적으로 한다.

한국YWCA연합회
일하는 여성을 주목하다

한국YWCA연합회(Young Women's Christian Association of Korea)의 출발은 1922년 4월 20일로 거슬러 올라간다. 기독교 신앙을 근간으로 여성 지식인들이 힘을 모아 여성 교육 활동, 선교 활동, 사회 운동 등을 펼쳤던 것이 시작이다. 그동안 사회가 형성해온 전통적인 여성관을 깨고 여성도 남성과 동등한 존재이며 독립된 인간으로 존엄하다는 인식을 알리고 강화하는 데 힘을 썼다. 출범 당시 이름은 조선여자기독교청년회였으며 김활란, 김필례, 유각경 등이 그 중심에 있었다.

1924년 세계YWCA에 개척회원국으로 가입했고 차츰 전국 각지에 지부를 결성하며 활동을 넓혀갔다. 1941년부터 1945년까지 일본의 탄압으로 잠정 휴회하기도 했으나, 1946년 김활란의 주도로 다시 출발했고 이후 한 걸음 더 나아가 여성의 인권 향상을 위하여 끊임없이 사회에 메시지를 던졌다. 초창기부터 이어왔던 여성 직업 교육 및 훈련을 비롯해 여성의 평등한 법적 지위 확보를 위해 가족법 개정 운동을 펼치거나 혼인신고 운동을 연 것이 그 예다. 이들은 오늘도 청년의 도전적인 미래를 위해, 여성의 사회참여와 지위향상을 위해, 보편적인 인류애를 향해 지속적으로 메시지를 발신하고 있다.

더 멀리 가기 위한 전략, 공간 조성

한국YWCA연합회는 활동을 더 견고히 쌓기 위한 시도로 공간을 조성하는 데 힘을 썼다. 먼저 연합회 출범 이후 40년 만에 조성한 소녀의 집이 있다. 도시 근로 여성을 위한 복지사업의 일환으로 1961년 서울 후암동에 문을 연 일종의 기숙사 시설이었다. 고향을 떠나 낯선 도시에서 여자 청소년이 직업을 구할 때 부딪히는 문제들을 파악해 안전한 공간을 제공하고 온전히 자립할 시간을 보호해주는 일이었다. 170평의 2층 규모로 50여 명의 기숙사생이 이곳에 머물렀고, 이들은 낮에는 직장 생활을, 밤에는 기술 교육과 공부를 했다. 즉 여성들은 안전한 울타리 안에서 기술을 익히고 꿈을 키우며 함께 살아가는 동지들을 만날 수 있었던 것이다.

한국YWCA연합회관은 한국YWCA연합회 45주년을 계기로 신축한 공간으로 1968년 9월 10일에 개관했다. 그간 노후하고 협소한 기존 공간에서의 활동에 한계를 느낀 상황에서 더 큰 비전과 뜻을 담을 새로운 공간이 필요하다는 요청이었다. 전국 각지에 설립된 지부들의 구심점으로 상징성도, 급격한 사회 변화에 발맞춘 여러 지원

활동 공간도 필요했다. 한국YWCA연합회는 건축기성회를 소집해 건설 제반 과정을 지원했으며 차경순 건축가에게 설계를 의뢰했다. 건물은 지하실 포함 5층짜리 본관과 3층짜리 별관으로 구성됐다.

회관 건설은 여성들이 활동할 수 있는 공간을 마련한 기회이자 재정적 기반을 마련한 중요한 계기였다고 평가받았으며, 실제로 이곳에서 일어난 활동이 국내 사회에 중요한 변화로 연결되었다. 아나바다 운동, 쓰레기 분리수거 및 재활용 운동, 소비자운동 등 근대 사회에 필요한 일상의 인식 개선뿐만 아니라 가족법 개정, 호주제 폐지, 일본 역사교과서 왜곡 저지를 위한 서명 운동 전개 등 제도적, 사회적 변화를 이끄는 활동도 다채롭게 진행됐다.

2021년 한국YWCA연합회

현재 한국YWCA연합회는 페이지 명동 4층에 자리 잡고 있다. 여전히 이들의 관심사는 여성들의 인권 향상과 현실적인 복지이며 나아가 건강한 공동체, 건강한 사회 형성을 꿈꾼다. 2022년은 한국YWCA연합회 창립 100주년이 되는 해다. 더 나은 내일을 향한 이들의 움직임은 오늘도 현재진행형이다.

[정리: 윤솔희]

「한국YWCA」잡지 표지
자료출처 국립한글박물관

한국YWCA 창립 60주년 기념우표발행 안내카드
자료출처 대한민국역사박물관

Zoom In To increase rapidly the magnification of the image of a distant object by means of a zoom lens.

줌인 (피사체·장면 등을) 줌렌즈로 클로즈업해서 잡다.

2020년 페이지 명동 리모델링 공사 이전의 건물의 모습
사진제공 더함

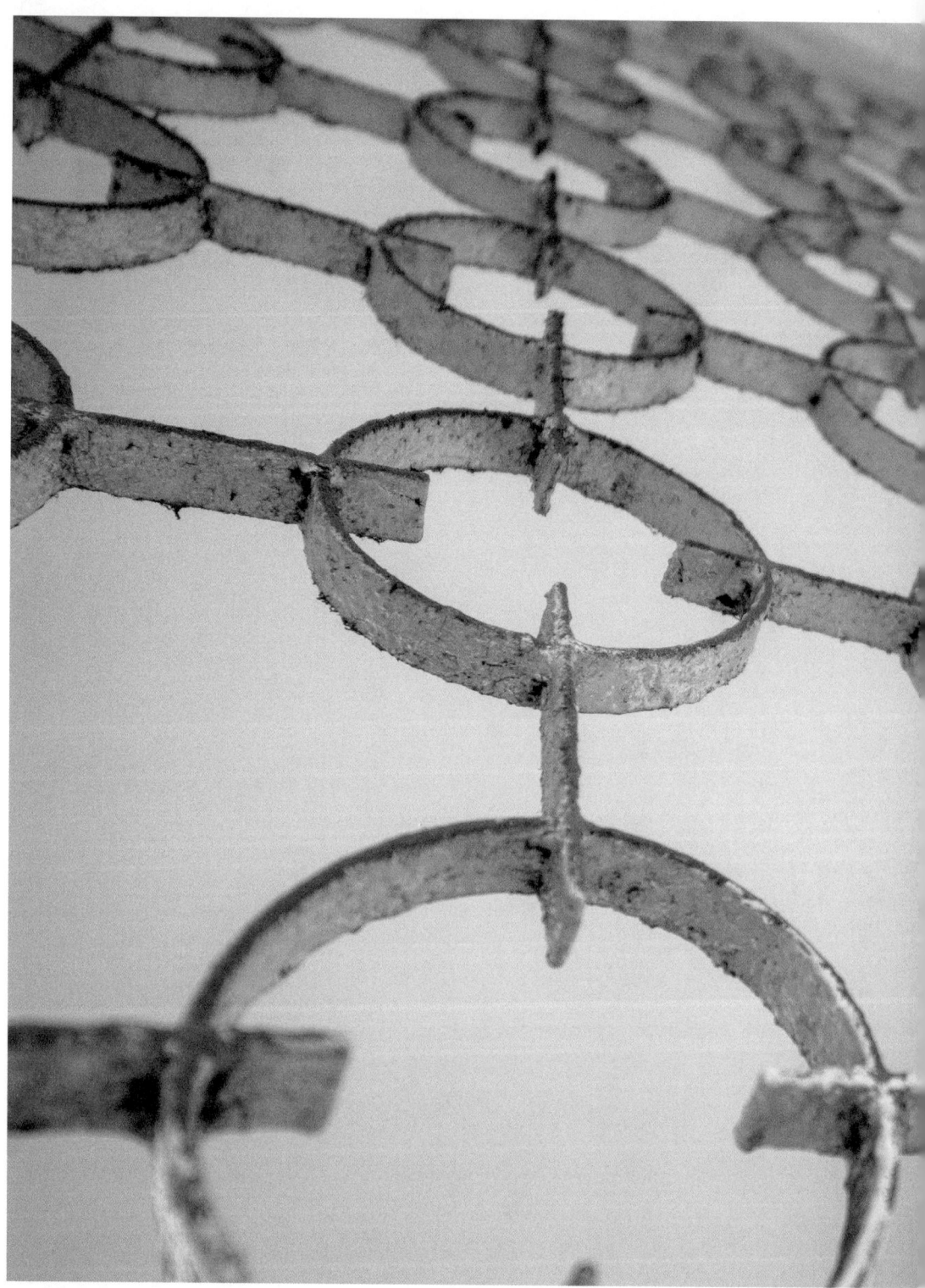

초현실부동산 매니페스토

처음부터 길이었던 길은 없다.
공간의 새로운 길을 만들어 가는 초현실부동산.

기꺼이 시간의 지층 속에서 기억을 발굴하는 광부가 되리라.
제2의 폼페이를 찾는 그날을 위해!

초현실부동산은 자본의 이윤보다 사회적 가치와
공동체의 순환적 이익을 먼저 추구한다.

'초현실'을 추구하는 최선의 방법은
새로운 현실을 만들어 가는 것이다.

건물을 팔려 하지 않는다.
그것을 근거로 한 사용자의 '초현실'을 제안한다.

태양광을 설치하는 것보다
좋은 집을 오래 쓰는 것이 더 친환경이다.